DURCH STARTEN

MATHEMATIK

4

ÜBUNGSBUCH

Verfasserinnen: Edith Brunner, Gabriele Aichberger, Evelyn Dax

Diesem Buch ist ein Lösungsheft zu den Übungen beigelegt.

Bibliografische Information der Deutschen Bibliothek:
Die Deutsche Bibliothek verzeichnet diese Publikation in der
Deutschen Nationalbibliografie; detaillierte bibliografische Daten
sind im Internet über http://dnb.ddb.de abrufbar.

www.durchstarten.at
VERITAS-VERLAG, Linz
Alle Rechte vorbehalten,
insbesondere das Recht der Verbreitung
(*auch durch Film, Fernsehen, Internet,
fotomechanische Wiedergabe, Bild-,
Ton- und Datenträger jeder Art*) oder
der auszugsweise Nachdruck
Gedruckt in Österreich auf umweltfreundlich
hergestelltem Papier

Lektorat: Klaus Kopinitsch
Bildredaktion: Alexandra Rittberger
Illustrationen: Helmut »Dino« Breneis
Satz: Anton Froschauer
Herstellung: Julia Dresch

Der Verlag hat sich bemüht, alle Rechtsinhaber
ausfindig zu machen. Sollten trotzdem Urheberrechte
verletzt worden sein, wird der Verlag nach Anmeldung
berechtigter Ansprüche diese entgelten.

4. Auflage 2014   ISBN 978-3-7058-7135-9

VERITAS
Gemeinsam besser lernen

INHALTSVERZEICHNIS

INHALTSVERZEICHNIS

Dieses Lernhilfebuch kann begleitend **während des Schuljahres** zu allen Mathebüchern der 4. Klasse Volksschule/Grundschule oder als **Wiederholung** und **Vertiefung** des Lernstoffes in den **Ferien** eingesetzt werden.

Es bietet ein gutes, abwechslungsreiches Übungsangebot zu den Lerninhalten des Mathematikunterrichtes und deckt den gesamten Jahresstoff der 4. Klasse ab. Vor allem die Seiten **„Fit für den Übertritt in Hauptschule, Neue Mittelschule und AHS"** wiederholen noch einmal den **Kernstoff** und garantieren so einen guten Übertritt in die neue Schule. Es wird geraten, diese 9 Seiten in den letzten 14 Tagen der Ferien dem Kind zur Vorbereitung auf AHS und Hauptschule anzubieten. Ihr Kind sollte vorerst einmal Ferien genießen können und abschalten dürfen.

Viele Übungsseiten enthalten einen kurzen **Merksatz**, der dieses Symbol trägt. Er fasst noch einmal kurz zusammen, was besonders wichtig ist zu diesem mathematischen Kapitel.

Weiters sind immer wieder sogenannte **„Superchecks"** eingebaut. Diese **„Super, das kann ich!"**-Seiten sind dazu da, Gelerntes wieder anzuwenden und zu festigen. Diese ständigen Wiederholungen garantieren die Steigerung des Lernerfolges!

Ebenfalls werden in regelmäßigen Abständen mathematische Fachbegriffe wiederholt und gefestigt. Die richtige Zuordnung dieser Fachwörter im **Mathequiz** erleichtert die Orientierung in der mathematischen Welt des Kindes.

Als Auflockerung bietet dieses Buch auch manche Rätselseite an. Diese **Rechenrätsel** machen das Üben abwechslungsreicher.

Die **Mathe-Belohnungssterne** auf Seite 5, die für richtige Lösungen zur Verfügung stehen, sollen als Motivationsschub dienen.

Regelmäßiges Üben ist wichtig, aber es sollte an einem Tag nicht mehr als eine Übungsseite gerechnet werden, um dem Kind die Freude an der Mathematik nicht zu vermiesen.

Das **Lösungsheft** dient dazu, die Ergebnisse zu vergleichen. Alle Übungen können im Buch ausgerechnet werden, es ist kein zusätzliches Heft notwendig.

Wir wünschen viel Freude und Erfolg in der Mathematik!

MATHE-BELOHNUNGSSTERNE

Für jede richtig gelöste Nummer darfst du einen Mathestern anmalen!

Super, das kann ich!	Seite	Mathesterne	Anzahl der Sterne
Supercheck 1	37	★ ★ ★ ★ ★ ☆	
Supercheck 2	47	★ ★ ★ ★ ★ ☆	
Supercheck 3	63	★ ★ ★ ★ ★ ★ ☆	
Supercheck 4	77	★ ★ ★ ★ ☆	
Supercheck 5	101	★ ★ ★ ★ ★ ★ ★ ☆	
Supercheck 6	121	★ ★ ★ ★ ★ ☆	
Supercheck 7	134	★ ☆ ★ ★ ★ ★ ★ ★ ☆	

Liebe Eltern!

Der Wechsel von der Volksschule ins Gymnasium oder in die Hauptschule wird ein großer Einschnitt im Leben Ihres Kindes sein. Der Übertritt wird für Ihr Kind u. a. bedeuten:

■ das Verlassen der Geborgenheit der Volksschule und den Wechsel in eine neue (Lern)Welt
■ ein neues soziales Umfeld mit neuen Klassenkameradinnen und -kameraden
■ ein neuer, wahrscheinlich längerer Schulweg und ein neues Schulgebäude
■ einen umfangreicheren Stundenplan und neue Fächer
■ erhöhtes Lerntempo
■ neue Lehrerinnen und Lehrer
■ eine neue Lern- und Arbeitsweise, die den höheren Ansprüchen gerecht werden muss.

Sie als Eltern können viel dazu beitragen, dass Ihr Kind die neuen schulischen Herausforderungen erfolgreich bewältigt. Der Lernerfolg Ihres Kindes hängt nämlich auch vom häuslichen Umfeld und der familiären Lernsituation ab. Je wohler sich Ihr Kind zu Hause fühlt, desto besser lernt es.

Auf den folgenden Seiten wollen wir Ihnen daher einige Tipps und Anregungen geben, wie Sie den Lernerfolg Ihres Kindes nachhaltig steigern können.

TIPP 1   TAGESLEISTUNGSKURVE

Wir alle haben zu unterschiedlichen Tageszeiten unsere Leistungshochs und Leistungstiefs. So sieht die durchschnittliche Tagesleistungskurve aus:

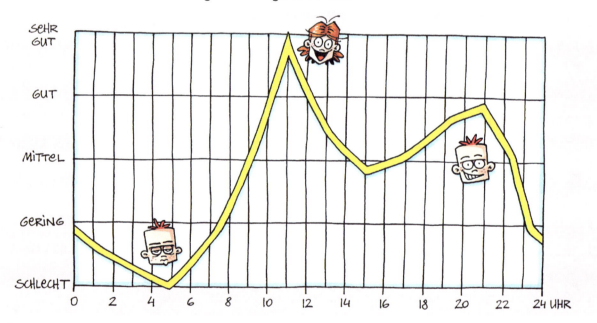

Zeichnen Sie mit einem Rotstift die persönliche Tagesleistungskurve Ihres Kindes ein. Es sollte die anstrengendsten Aufgaben in jenen Zeitbereichen erledigen, wo es am leistungsfähigsten ist. Unterstützen Sie Ihr Kind darin, seine Pausen „richtig" zu konsumieren und in seinen Leistungshochs zu lernen. Legen Sie private Termine Ihres Kindes in jene Zeitbereiche, wo sein effizienter Lernrhythmus nicht gestört wird.

TIPP 2   LERNTYPENGERECHT LERNEN

Anhand eines Lerntypentests erfahren Sie, mit welchen Wahrnehmungskanälen Ihr Kind Lernstoff leichter aufnimmt. Die drei häufigsten Lerntypen sind der Sehtyp, der Hörtyp und der Bewegungstyp. Füllen Sie nun (gemeinsam mit Ihrem Kind) den Fragebogen aus und werten Sie ihn aus. Machen Sie überall dort, wo eine Aussage auf Ihr Kind zutrifft, ein ✔.

✔	Nr.	Aussage
❏	1	Wenn mein Kind schreibt, spricht es alles innerlich mit.
❏	2	Mein Kind hat eine regelmäßige Schrift.
❏	3	Wenn mein Kind zu Hause lernt, geht es dabei im Zimmer auf und ab.
❏	4	Zu Hause lernt mein Kind laut.
❏	5	Mein Kind hat oft etwas in der Hand, mit dem es herumspielt, oder es klopft auf den Tisch.
❏	6	Wenn mein Kind mit jemandem spricht, greift es diese Person gern an.
❏	7	Mein Kind ist ziemlich sportlich.
❏	8	Meinem Kind ist es wichtig, schön angezogen zu sein.
❏	9	Mein Kind spitzt seine Bleistifte regelmäßig.
❏	10	Mein Kind schubst gern andere Kinder.
❏	11	Wenn Lehrer/-innen nur reden, ohne Tafelbild oder Folie, versteht mein Kind sie schlecht.
❏	12	Mein Kind hat immer Farbstifte oder Textmarker mit.
❏	13	Mein Kind erinnert sich an die Haarfarbe anderer Personen.
❏	14	Meistens rutscht mein Kind auf dem Sessel hin und her.
❏	15	Wenn mein Kind das Gefühl hat, dass eine Lehrerin es nicht mag, mag es diesen Gegenstand nicht.
❏	16	Farbstifte verwendet mein Kind nur, wenn es unbedingt muss.
❏	17	Mein Kind drückt beim Schreiben mit dem Bleistift fest auf.
❏	18	Wenn mein Kind für den Sachunterricht lernt, merkt es sich, an welcher Stelle im Heft was steht.
❏	19	Manche Geräusche können mein Kind sehr nerven.
❏	20	Während des Unterrichts fällt es meinem Kind schwer, ruhig zu sitzen.
❏	21	Wenn mein Kind nicht weiß, wie man ein Wort schreibt, sagt es sich das Wort laut vor.
❏	22	Wenn mein Kind sich an etwas erinnert, sieht es „Bilder".
❏	23	Mein Kind unterstreicht gerne Wörter.
❏	24	Eigentlich geht mein Kind selten langsam, meistens läuft es.
❏	25	Mein Kind kann gut die Stimmen oder den Tonfall anderer Leute nachmachen.
❏	26	Die Schrift meines Kindes ist unregelmäßig.
❏	27	Mein Kind weiß, wie seine Lehrer/-innen gekleidet sind.
❏	28	Lehrer/-innen, die mit einer bestimmten Stimme sprechen, mag mein Kind nicht.
❏	29	Wenn mein Kind mitschreiben muss, kann es sich schlechter konzentrieren.
❏	30	Wenn Lehrer/-innen etwas erzählen, mag mein Kind das gern.

Quelle: Brigitte Jug

AUSWERTUNG:

Tragen Sie nun die ✔, die Sie im Fragebogen gesetzt haben, in der Tabelle bei der entsprechenden Nummer ein.

SEHTYP	HÖRTYP	BEWEGUNGSTYP
Nr. 2	Nr. 1	Nr. 3
Nr. 8	Nr. 4	Nr. 5
Nr. 9	Nr. 16	Nr. 6
Nr. 11	Nr. 19	Nr. 7
Nr. 12	Nr. 21	Nr. 10
Nr. 13	Nr. 25	Nr. 14
Nr. 18	Nr. 26	Nr. 15
Nr. 22	Nr. 28	Nr. 17
Nr. 23	Nr. 29	Nr. 20
Nr. 27	Nr. 30	Nr. 24

Wie sind die ✔ verteilt?

■ Hat Ihr Kind in allen 3 Wahrnehmungskanälen in etwa gleich viele ✔? Gratulation, es lernt schon mit allen Sinnen.

■ Hat Ihr Kind einen eindeutigen Wahrnehmungskanal-Favoriten? Dann lautet unsere Empfehlung: Stärken Sie seine Stärken! Ihr Kind sollte daher bevorzugt in jenen Wahrnehmungskanälen lernen, wo es sich den Lernstoff besser merkt.

Förderung für den Sehtyp:

Ermuntern Sie Ihr Kind, im Unterricht mitzuschreiben. So kann es sich den Lernstoff leichter merken. Achten Sie auch auf einen aufgeräumten Schreibtisch. Ihr Kind sollte farbige Stifte, Textmarker, optisch attraktive Lernhilfebücher und das Internet benutzen.

Förderung für den Hörtyp:

Ihr Kind sollte Dinge, die es sich merken will, aufnehmen und anschließend immer wieder anhören. Lautes Vorlesen und gegenseitiges Abfragen sind ebenfalls ideale Lernmethoden. Eine ruhige Lernumgebung ist wünschenswert.

Förderung für den Bewegungstyp:

Ihr Kind sollte sich beim Lernen bewegen, zB im Zimmer auf und ab gehen. Als Sitzgelegenheit ist ein großer Gymnastikball günstig, weil man damit immer „in Bewegung" bleibt. Auch ein beweglicher Schreibtischsessel ist okay.

TIPP 3 ARBEITSPLATZ

Arbeitsplatz und Lernumfeld haben einen großen Einfluss auf den Lernerfolg Ihres Kindes. Berücksichtigen Sie daher bei der Gestaltung seines Arbeitsplatzes folgende Kriterien:

Wohlfühlen

Der Lernplatz muss für Ihr Kind eine angenehme Atmosphäre bieten. Dazu können zB angenehme Farben, Pflanzen, Bilder, ein Poster seiner Lieblingsband ... beitragen. Gestalten Sie ihn zusammen mit Ihrem Kind oder lassen Sie Ihr Kind auch selbstständig entscheiden – Ihr Kind soll sich wohlfühlen!

Bequem sitzen

Wer unbequem sitzt, kann sich nur schlecht konzentrieren. Daher darf beim Schreibtisch-stuhl auf keinen Fall gespart werden. Sitzhöhe und Rückenlehne sollten verstellbar sein, damit eine individuelle Sitzposition gefunden werden kann. Rückenschmerzen und sonstige Sitzfolgeschäden sind zu vermeiden.

Diese richtige „Infrastruktur" des Lernens mit herzustellen, ist auch für Sie eine Heraus-forderung. Die dafür notwendigen finanziellen Aufwendungen bekommen Sie aber doppelt und dreifach zurück, wenn Ihr Kind gerne und erfolgreich an seinem tollen Arbeitsplatz lernt.

TIPP 4 — WAS TUN BEI SCHLECHTEN NOTEN?

Gefühle ernst nehmen!

Ihr Kind wird sich über eine schlechte Note mindestens so ärgern wie Sie. Lassen Sie es von seinem Ärger erzählen und nehmen Sie Ihr Kind ernst. Tröstende Worte in der Art von „Alles halb so schlimm" bitte vermeiden.

Wenn Ihr Kind fertig erzählt hat, dann teilen Sie ihm Ihre Befürchtungen, Ängste und Ihren Ärger mit – in einem ruhigen und sachlichen Ton.

Strafen verboten!

Kein Kind ist glücklich über eine schlechte Note. Manche spielen nur den „Coolen", um ihre Betroffenheit zu verstecken. Außerdem gilt es nun, ein Problem zu lösen, nicht Schuldige zu suchen.

Aufbauen!

Eine schlechte Note heißt nicht durchfallen. Besprechen Sie erst am nächsten Tag, wie es zukünftig besser klappen könnte. Am Tag der schlechten Nachricht soll sich Ihr Kind noch ein Erfolgserlebnis verschaffen, zB Fußball spielen gehen, reiten, mit Freunden treffen usw.

Vergleichen verboten!

Vergleiche mit Mitschülern oder Mitschülerinnen wirken verheerend auf das Selbstvertrauen und schaffen eine grausame Konkurrenz zwischen Kindern.

Positiv denken!

Nicht die Note ist entscheidend, sondern die Leistung. Fragen Sie Ihr Kind, welches neue Wissen, welche neuen Fähigkeiten es in den letzten Wochen erworben hat trotz der schlechten Note. Schauen Sie mit Ihrem Kind gemeinsam auf das, was es kann, und nicht darauf, was es (noch) nicht kann.

Geben Sie es zu!

Erzählen Sie Ihrem Kind von Ihren eigenen „Niederlagen". Das hilft auch Ihnen, sich in die Sorgen Ihres Kindes hineinzudenken.

Sie haben nun einige Anregungen zum Thema „Lernorganisation" gelesen.

Wenn Sie darüber mehr erfahren wollen, empfehlen wir Ihnen das Buch **„DURCHSTARTEN LERNTIPPS – IN 5 SCHRITTEN ZUM SCHULERFOLG"**.

Darin erfahren Sie, was Sie alles richtig machen können, um Ihr Kind erfolgreich durch seine Schulzeit zu begleiten.

Stellenwert

T	H	Z	E
			1
		1	0
	1	0	0
1	0	0	0

1 Schreibe folgende Zahlen der Reihe nach richtig untereinander! Beachte den Stellenwert! Zähle zusammen!

304, 2, 600   38, 560, 201, 4   451, 9, 76, 2   100, 4, 759, 60

2 Vergleiche die Zahlen! Setze < oder > ein!

371 ◯ 731   581 ◯ 591   678 ◯ 673

902 ◯ 403   234 ◯ 275   831 ◯ 832

3 Die Zahl hat 4 Z 8 H. Gib 6 E dazu. Wie heißt die Zahl? _____

4 Der Unterschied zwischen 560 und 960 ist _____ .

5 Die Zahl heißt 5 H 6 Z 1 E. Wie heißen die Einernachbarn von dieser Zahl? _____ , _____

6 Setze die Zahlenreihen fort!

615   625   635   _____   _____

995   975   955   _____   _____

1 Bilde die Zahlen und schreibe sie darunter!

8 Z 4 H 3 E   8 E 4 Z 3 H   8 H 4 Z 3 E

_____   _____   _____

Wie heißt die kleinste Zahl? _____

Wie heißt die größte Zahl? _____

2 Trage jeweils die Zahlen auf dem Zahlenstrahl ein!

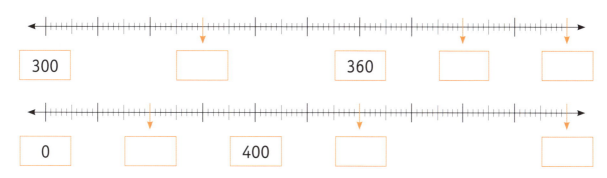

| 300 | | 360 | | |

| 0 | | 400 | | |

3 Wie heißt die Hausnummer der Familie Hauser?
100 + 30 + 9 = _____

4 Die Sabalahöhe ist 9 H 2 Z und 1 E hoch. Das sind _____ m.

5 Die Höhe des Stephansdoms in Wien ist 1 H 7 E und 3 Z.
Das sind _____ m.

6 Frau und Herr Radinger legten mit ihrem Auto in einer Woche
folgende Strecken zurück:

Montag	Dienstag	Mittwoch	Donnerstag	Freitag	Samstag	Sonntag
160 km	200 km	120 km	310 km	110 km	60 km	150 km

An welchen Tagen legten sie insgesamt genau 350 km zurück?

_____

7 Welche Zahl entsteht? 9 H + 9 Z + 1 E ▶ 991

8 Wie viele Hunderter fehlen? 7 H + 3 Z + 9 E ▶ 739

1 Ergänze jeweils die Ausschnitte der Hunderterfelder!

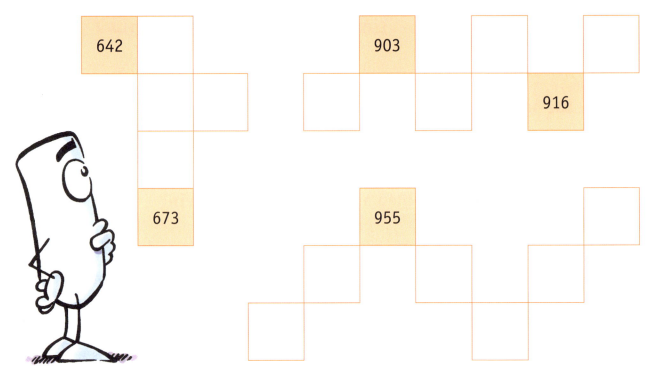

2 Wie heißt die Zahl?

T	H	Z	E	▶	Zahl
	3	0	6	▶	
1	0	0	0	▶	
	9	0	0	▶	
	6	7	5	▶	

T	H	Z	E	▶	Zahl
	8	9	1	▶	
	7	0	4	▶	
	3	1	0	▶	
	2	8	4	▶	

3 Harry macht beim Anschreiben der Zahlen immer wieder Fehler. Kontrolliere und kreuze die richtigen Ergebnisse an!

2 H 4 Z ▶ 204 ☐   1 T ▶ 100 ☐

9 H 9 E ▶ 909 ☐   5 Z 7 H 9 E ▶ 957 ☐

Wie viele Aufgaben hat Harry richtig? _____

4 Wie heißt die Zahl?

🌙 = 100   🌙 = 10   🌙 = 1

🌙 🌙 🌙 🌙 🌙 🌙 🌙 🌙 🌙 🌙 🌙 ▶ _____

1 **Das kann ich schon im Kopf rechnen!**

248 + 36 = _____   140 + 760 = _____   550 + 290 = _____

127 + 45 = _____   260 + 620 = _____   190 + 460 = _____

862 + 19 = _____   330 + 450 = _____   680 + 270 = _____

951 + 17 = _____   710 + 280 = _____   840 + 160 = _____

2 **Addiere schriftlich!**

```
                                                    4 4 4
  5 7 6           8 9 2           2 4 3               5 8
  2 6 5             7 9           5 7 6             1 7 9
  _____          _____          _____           _____
```

3 **Ergänze die fehlenden Zahlen!**

4		6
	5	
7	2	9

8		
	4	2
9	1	2

2		8
	8	
7	9	5

4 **Schreibe richtig untereinander und addiere schriftlich!**

504, 28   177, 14, 325   88, 95, 495   9, 380, 404

5 **Kreuze an, welcher Fehler bei dieser Addition passiert ist!**

468   ☐ Es wurde minus statt plus gerechnet.

37   ☐ Es wurde der Übertrag nicht berücksichtigt.

838   ☐ Es wurde falsch untereinandergeschrieben.

1   **Das kann ich schon im Kopf rechnen!**

846 − 28 = _____   750 − 430 = _____   740 − 190 = _____

473 − 56 = _____   480 − 320 = _____   610 − 370 = _____

635 − 17 = _____   530 − 410 = _____   460 − 280 = _____

167 − 49 = _____   960 − 640 = _____   1000 − 790 = _____

2   **Subtrahiere schriftlich!**

```
   7 9 5          3 4 1          9 8 2          5 2 7
-  4 2 6       -    6 3       -  4 6 9       -  1 3 7
 _____       _____       _____       _____
```

3   **Schreibe die Subtraktionen richtig an und löse sie!**

7 H 5 Z 1 E, 2 H 5 Z 8 E   4 H 7 Z 5 E, 9 H 4 E   6 Z 8 E, 4 H 7 Z 2 E

4   **Ergänze die fehlenden Zahlen und rechne die Rechnung fertig!**

```
   7   3          5   □          6   0
-  □ 0         -    8 9       -    3 □
   2 1 5          2 4 0          2 1 5
 _____       _____       _____
```

5   **Kreuze an, welcher Fehler hier passiert ist!**

```
   397
-  542
   255
```

☐ Es wurde plus statt minus gerechnet.
☐ Die größere Zahl steht nicht oben.
☐ Es wurde falsch untereinandergeschrieben.

1   **Das kann ich schon im Kopf rechnen!**

$6 \cdot 8 =$ _____ $5 \cdot 8 =$ _____ $6 \cdot 5 +$ _____ $= 500$

$7 \cdot 9 =$ _____ $10 \cdot 10 =$ _____ $9 \cdot 5 +$ _____ $= 90$

$4 \cdot 6 =$ _____ $3 \cdot 8 =$ _____ $0 \cdot 4 +$ _____ $= 400$

$9 \cdot 2 =$ _____ $20 \cdot 2 =$ _____ $7 \cdot 6 +$ _____ $= 50$

2   **Ergänze die fehlenden Zahlen! Multipliziere!**

| 3 6 · 2 | 2 3 · 5 | 9 · 7 | 1 8 · 9 |
| 8 | 6 | 4 8 | 7 |

$29 \cdot 6$ $125 \cdot 8$ $272 \cdot 3$ $201 \cdot 4$

3   **Löse die Multiplikationen schriftlich!**

176, 4   439, 2   89, 9   320, 3

4   **Kreuze die richtigen Lösungen an!**

$451 \cdot 2$ $56 \cdot 4$ $48 \cdot 7$ $243 \cdot 3$
902 ☐   232 ☐   329 ☐   729 ☐

5   **Berechne das 4-fache von 79!**

1 **Das kann ich schon im Kopf rechnen!**

$72 : 8 = $ _____ $52 : 7 = $ _____   _____ $: 9 = 6$

$45 : 9 = $ _____ $20 : 3 = $ _____   _____ $: 5 = 6$

$36 : 4 = $ _____ $17 : 2 = $ _____   _____ $: 7 = 4$

$80 : 10 = $ _____ $45 : 6 = $ _____   _____ $: 2 = 8$

2 **Bestimme den Stellenwert und löse die Divisionen!**

$475 : 5 = $ $840 : 4 = $ $584 : 8 = $

$963 : 3 = $ $709 : 7 = $ $764 : 4 = $

$976 : 8 = $ $1\,000 : 4 = $ $612 : 6 = $

$974 : 9 = $ $120 : 8 = $ $824 : 5 = $

3 **Rechne und ergänze die Divisionen!**

$9\_5 : 5 = 1\_\_$ $\_76 : 2 = 4\_\_$

46   0_

__   __

0 R   0 R

1   Ein Rasenmäher hat 4 Räder. Mit 162 Rädern kann man wie viele Rasenmäher ausrüsten?

2   In einem Karton sind 144 Tafeln Schokolade. Es werden 5 Kartons geliefert.

3   Bei einer Verkehrszählung werden 528 Autos, 275 Lastwagen und 19 Motorräder gezählt.

4   Welche Zahl musst du von 1000 subtrahieren, um 536 zu erhalten?

5   Schreib die Zahl zwischen 80 und 86 an, die beim Teilen durch 9 den Rest 4 ergibt! _____

6   Welche Zahl ergibt mit 7 multipliziert 560? _____

1 Kreuze an, welche Sachaufgabe zu folgender Rechnung passt, und schreibe eine passende Antwort dazu!

137
159
___

☐ In Mattigwald gehen 137 Buben und 159 Mädchen in die Volksschule.

☐ Susis Buch hat 159 Seiten. Sie hat schon 137 Seiten gelesen.

A: _____

2 Zähle 569 und 395 zusammen und dividiere dann durch 4!

3 Von 520 Flaschen Apfelsaft werden zuerst 163 und dann noch 128 Flaschen verkauft. Wie heißt die Frage zu dieser Sachaufgabe?

4 Ein Sonderzug fährt zum Fußballspiel von Linz nach Wien. In Linz steigen 351 Personen ein, unterwegs kommen noch 171 dazu. In Wien werden alle Fußballfans in 9 Autobussen zum Stadion gebracht. Wie viele Personen sitzen in einem Bus?

5 Wie viel ergibt 432 mal 0? Kreuze an!

☐ 432   ☐ 42   ☐ 43   ☐ 0

LÄNGENMASSE

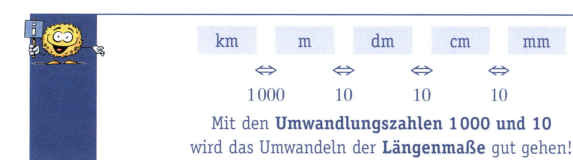

km	m	dm	cm	mm
⇔	⇔	⇔	⇔	
1000	10	10	10	

Mit den **Umwandlungszahlen 1000 und 10**
wird das Umwandeln der **Längenmaße** gut gehen!

1 Das kleinste Längenmaß heißt _____ .

2 Gibst du mit km dein Gewicht an? ☐ ja ☐ nein

3 Ergänze die Maßreihe!

_____ m _____ cm _____

4 Wandle jeweils in das kleinste Maß um!

5 m 4 dm 3 cm = _____   9 dm 5 cm 4 mm = _____

8 dm 2 mm = _____   7 m 4 cm = _____

3 m 3 cm = _____   4 dm 1 mm = _____

6 m 4 dm = _____   5 cm 4 mm = _____

5 Beim Handwerker werden alle Längen in mm angegeben! Wandle um!

5 cm = _____   1 m = _____

4 dm 6 cm = _____   4 dm = _____

2 cm 6 mm = _____   1 cm= _____

6 Finde die einzelnen Maße!

573 mm = _____   901 cm = _____

340 cm = _____   1000 m = _____

781 dm = _____   290 mm = _____

7 Welche Umwandlungen sind richtig? Kreuze an!

805 mm = 8 m 0 dm 5 mm ☐   97 mm = 9 cm 7 mm ☐

100 cm = 1 m ☐   540 dm = 54 m 0 dm ☐

730 cm = 7 m 3 cm ☐   203 cm = 2 m 3 dm ☐

Addiere oder subtrahiere nur mit gleichen Maßbezeichnungen!

| m + m | dm + dm | cm + cm | mm + mm |
| m – m | dm – dm | cm – cm | mm – mm |

1 **Subtrahiere von den vorgegebenen Längen immer 2 mm! Rechne im Kopf!**

4 dm 5 cm 3 mm _____   9 cm 5 mm _____

6 cm _____   8 dm _____

2 **Addiere zu den vorgegebenen Längen immer 5 cm! Rechne im Kopf!**

8 m 7 dm _____   5 m 8 dm 9 cm _____

6 dm 8 cm _____   7 dm _____

3 **Welches Maß ist 10-mal größer als der mm?** _____

4 **Welches Maß findet man 10-mal in 1 m?** _____

5 **Statt 10 mm kann man auch _____ sagen.**

6 **Kreuze die richtigen Maßangaben an!**

Frau Hart parkt ihr 4 dm 6 cm 3 mm langes Auto. ☐
Lilos Papa ist 1 m 84 cm groß. ☐
Die Klassentüre ist 2 mm hoch. ☐
Ritas Schulweg ist 2 dm lang. ☐

7 **Ergänze die fehlenden Maßbezeichnungen!**

Ein Marienkäfer ist 7 _____ lang.

Baby Larissa ist 50 _____ groß.

Der Attersee ist 22 _____ lang.

Eine Stechmücke ist 14 _____ groß.

8 **Lies den Satz! Suche den Fehler und schreibe den Satz richtig darunter!**

Mein Bleistift ist 15 min lang.

1 **Weitsprung in der Schule: Ergänze die Tabelle!**

Risa	Konrad	Reini	Lotte
2 m 56 cm			

Konrad springt um 1 dm weiter als Risa.

Reini springt um 1 m weiter als Risa.

Lotte springt um 1 m 5 cm weiter als Risa.

2 **Herr Andi besitzt einen Flohzirkus. Ein Floh springt das erste Mal 46 cm, das zweite Mal 49 cm, das dritte Mal 39 cm. Zeichne die Weiten der Sprünge ein!**

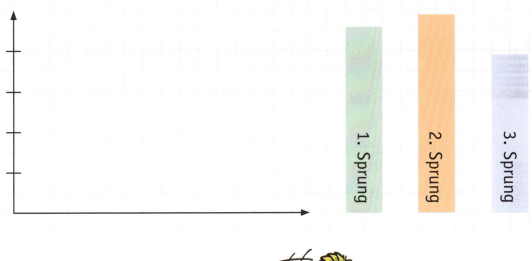

3 **Frau und Herr Steiger machen eine Rundreise. Um wie viel km fahren sie weniger als 1 000 km?**

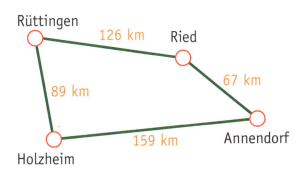

Suche dir passende Zahlen aus und rechne!

1   Heinz ist um ____ cm kleiner als ____ m ____ dm.

2   Der Lehrer schneidet für 9 Schüler und Schülerinnen ein je ____ m ____ cm langes Schnurstück ab. Wie lange muss die gesamte Schnur gewesen sein?

3   Leo hat auf seinem Fahrrad einen Kilometerzähler. Beim Wegfahren zeigte der Kilometerzähler _____ km an. Als er von seiner Radtour mit seinem Vater nach Hause kam, zeigte der Kilometerzähler _____ km an. Wie weit ist Leo mit seinem Vater gefahren?

4   Herr Met ist ____ m ____ cm groß. Seine Frau misst ____ m ____ cm. Berechne den Größenunterschied!

t	kg	dag	g

$\Leftrightarrow$ $\Leftrightarrow$ $\Leftrightarrow$

1000   100   10

Mit den **Umwandlungszahlen 1000, 100 und 10**
wirst du das Umwandeln der **Gewichtsmaße** verstehen!

1 **Kreuze nur die Gewichtsmaße an!**

☐ kg   ☐ m   ☐ dag   ☐ dm   ☐ min   ☐ g

2 **Trage richtig ein!**

1 dag = _____ g   10 dag = _____ g   1000 g = _____ kg

1 kg = _____ dag   1 t = _____ kg   1 kg = _____ g

3 **Welche Gewichte gehören in welche Waagschalen?**

4 **Wandle in das kleinere Maß um!**

4 kg 5 dag = _____   54 dag 6 g = _____

10 dag 6 g = _____   5 kg 80 dag = _____

1 t = _____   3 dag = _____

5 **Finde die einzelnen Maße!**

520 dag = _____   1000 dag = _____

875 dag = _____   1000 kg = _____

674 g = _____   63 g = _____

GEWICHTE

1 **Ordne die Gewichtsmaße! Beginne mit dem kleinsten Maß!**

25 kg, 780 g, 56 dag, 1000 g, 1 t

_____

2 **Ordne die Gewichtsangaben den Dingen richtig zu!**

Elefant, Schulkind, Schulbuch, Radiergummi

20 g	
36 kg	

35 dag	
5 t	

3 **Setze die fehlenden Angaben ein:**

◆ Eine Birne wiegt ungefähr _____ .

◆ Ein halbes Kilogramm ist _____ .

◆ Ein PKW wiegt 1 t 260 kg. Ein LKW wiegt sechsmal

so viel. Er wiegt _____ .

◆ Der Aufzug befördert 4 erwachsene Menschen.

Das sind etwa _____ .

◆ Sebastian kauft 6 Äpfel. Sie wiegen etwa _____ .

7 t 560 kg
160 g
1 kg
500 g
350 kg

4 **Setze <, > oder = ein!**

4 dag ◯ 280 g   750 dag ◯ 7 kg 5 dag

5 dag 6 g ◯ 65 g   1000 g ◯ 1 kg

8 kg 4 dag ◯ 480 dag   4 g ◯ 4 dag

5 **Rechne im Kopf!**

87 g + 20 dag = _____   426 g + _____ g = 1 kg

6 kg + 43 dag = _____   _____ kg + 423 kg = 1 t

5 t + 1000 kg = _____   213 dag + _____ dag = 500 dag

54 dag + 1 g = _____   67 dag + _____ g = 850 g

6 **Was ist am schwersten? Kreuze an!**

☐ 18 kg   ☐ 5 t   ☐ 560 dag   ☐ 7 000 g

1 Beim Fleischer kosten 10 dag Bratwürstel 1 €. Für 1 kg bezahlt Mutter 10 €.

Stimmt das?   ☐ ja   ☐ nein

2 Verbessere die falschen Umwandlungen daneben!

56 dag = 560 g _____

4 kg 4 dag = 440 dag _____

38 dag 2 g = 40 dag _____

100 g = 1 kg _____

1 t = 1000 g _____

3 Mutter bittet dich, Folgendes zu kaufen: 2 kg Äpfel, 25 dag Wurst, Zwiebeln (25 dag), 1 Laib Brot (1 kg). Wie viele kg und dag musst du nach Hause schleppen, wenn der Korb 30 dag wiegt?

4 Rechne im Kopf!

5 kg – 78 dag = _____   _____ g – 60 g = 540 g

9 dag – 2 g = _____   290 g – _____ g = 29 dag

34 kg – 14 kg = _____   420 g – _____ g = 240 g

87 dag – 7 g = _____   1 t – _____ kg = 580 kg

5 Kreuze die richtigen Aussagen an!

☐ 10 kg = 1000 dag   ☐ 25 kg = 250 g   ☐ 204 g = 20 dag 4 g
☐ 50 dag = 500 g   ☐ 1 t = 1000 kg   ☐ 7 dag 7 g = 77 g

1 Tag = 24 Stunden	1 Stunde = **60** Minuten
	1 Minute = **60** Sekunden

„Du bist gescheit, wenn du nimmst die **Umwandlungszahl 60** für **die Zeit**."

1 **Wandle um!**

1 T 5 h = _____ h   2 T 7 h = _____ h

1 T 19 h = _____ h   2 T 2 h = _____ h

1 h 20 min = _____ min   3 h 25 min = _____ min

2 h 45 min = _____ min   4 h 28 min = _____ min

1 min 15 s = _____ s   3 min 56 s = _____ s

2 min 30 s = _____ s   10 min = _____ s

2 **Der Minutenzeiger macht auf der Uhr nur eine halbe Runde. Wie viele Minuten sind dann vergangen? Es sind _____ min vergangen.**

3 **Ergänze auf 1 h!**

45 min + ____ min   58 min + ____ min   12 min + ____ min

33 min + ____ min   27 min + ____ min   60 min + ____ min

4 **Es ist jetzt 16.15 Uhr. Vor einer halben Stunde ging Michael zu seinem Freund. Da war es _____.**

5 **Es ist jetzt 7.30 Uhr. Julia sagt: „In 20 Minuten beginnt die Schule." Dann ist es _____.**

6 **Es ist jetzt 12.45 Uhr. Anna meint: „In 18 Minuten bin ich zu Hause." Es ist dann _____.**

7 **Es ist jetzt 13.56 Uhr. Paulina erzählt: „Vor drei Stunden waren wir mit unserer Katze beim Tierarzt." Das war um _____.**

1 Wie lange dauert ein Unterrichtstag? Kreuze an!

☐ Sekunden ☐ Minuten ☐ Stunden ☐ Tage

2 Wie viele Wochen hat ein Jahr? Kreuze an!

☐ 12 ☐ 365/366 ☐ 52

3 Trage in die Tabelle ein!

Jahr(e)	1		3		5
Monate		24		48	

4 Trage in die Tabelle ein!

Stunde(n)	1		5		10
Minuten		180		360	

5 Peters Schulweg ist ungefähr einen Kilometer lang. Wie lange braucht er dafür? Kreuze die passenden Zeitmaße an!

☐ Minuten ☐ Stunden ☐ Sekunden ☐ Tage

6 Eine 4. Klasse hat am Donnerstag von 8.00 Uhr bis 12.45 Uhr Unterricht. Wie viele h und min sind die Kinder in der Schule? Kreuze an!

☐ 4 h 45 min ☐ 3 h 45 min ☐ 5 h 15 min

7 Doris schreibt ihrer Brieffreundin. Sie wohnt in einem anderen Bundesland in Österreich. Wann kommt der Brief an?

☐ nach vielen Wochen ☐ nach wenigen Stunden
☐ nach wenigen Tagen ☐ nach einem Jahr

8 Ein Fahrradfahrer fährt in einer Stunde ungefähr 15 km. Nach welcher Fahrzeit hat er 45 km geschafft? Kreuze an!

☐ nach 1 h ☐ nach 3 h ☐ nach 2 h

9 Ein Jahr kann man auch in Jahreszeiten einteilen. Es sind ____ Jahreszeiten.

1 Aus dem Fernsehprogramm

8.00	Sesamstraße
8.25	Papa Wutz
8.30	Lasst uns Freunde sein
9.00	Gruselschule
9.45	Tigerenten-Klub
11.05	Fortsetzung folgt
11.30	Löwenzahn
11.55	Paddington
12.10	Popeye
12.40	Abc Kinderforum

Wie lange dauern die Sendungen? Trage in die Tabelle ein!

Sendung	Beginn	Ende	Dauer
Gruselschule			
Fortsetzung folgt			
Löwenzahn			
Popeye			

2 Trage die Gehzeiten in den Plan ein!

Vom Rosenweg 4 zur Schule ▶ 3 min
von der Hauptstraße 122 zum Hauptplatz ▶ 6 min
vom Hauptplatz zur Schule ▶ 4 min

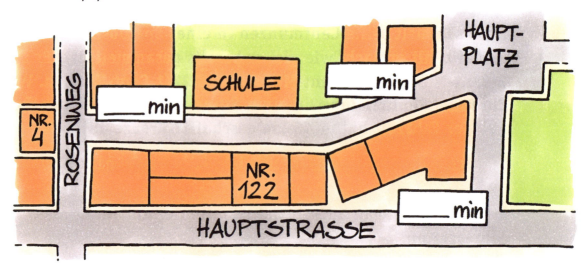

1 €, das sind **100 c**,
jeder Schüler das gut kennt.

1 **Kreuze an:**

Ein Euro ist gleich viel wert wie:
☐ 50 Cent ☐ 100 Cent ☐ 20 Cent ☐ 10 Cent

2 **Ergänze!**

Die Abkürzung für Euro ist _____ . Cent wird mit _____ abgekürzt.

3 **Wenn du Geldbeträge in Kommaschreibweise anschreibst, so müssen hinter dem Komma immer _____ Stellen stehen.**

4 **Schreibe in Kommaschreibweise an:**

4 € 28 c = _____   4 c = _____   4 € 6 c = _____

77 c = _____   2 € 5 c = _____   88 € 12 c = _____

319 € = _____   49 € 50 c = _____   162 € = _____

65 c = _____   80 c = _____   5 c = _____

5 **Schreibe in Euro und Cent an!**

4,29 € = _____   22,99 € = _____   0,36 € = _____

0,48 € = _____   708,08 € = _____   0,01 € = _____

361,00 € = _____   69,30 € = _____   14,05 € = _____

0,20 € = _____   0,09 € = _____   999,00 € = _____

6 **Maxi sammelt seine Centmünzen in einer Spardose. Nach einem Monat zählt er nach, wie viel er bereits gesammelt hat. Er zählt 20 2-Cent-Münzen, 9 5-Cent-Münzen und 22 1-Cent-Münzen. Wie viel Euro und Cent sind das?**

1 **Addiere die Geldbeträge im Kopf! Stimmt das Ergebnis?**

5,21 € + 4,30 € = 9,51 € ☐ ja ☐ nein

1,49 € + 9,99 € = 11,48 € ☐ ja ☐ nein

34,00 € + 15,59 € = 15,93 € ☐ ja ☐ nein

7,19 € + 80 € = 7,99 € ☐ ja ☐ nein

2 **Subtrahiere die Geldbeträge im Kopf! Stimmt das Ergebnis?**

100 € – 0,70 € = 30 € ☐ ja ☐ nein

1000 € – 49,30 € = 950,70 € ☐ ja ☐ nein

39,50 € – 24 € = 39,26 € ☐ ja ☐ nein

85,20 € – 0,50 € = 35,20 € ☐ ja ☐ nein

3 **Multipliziere die Geldbeträge im Kopf! Stimmt das Ergebnis?**

70 c · 7 = 49 € ☐ ja ☐ nein

2,50 € · 2 = 5 € ☐ ja ☐ nein

3,30 € · 3 = 9,90 € ☐ ja ☐ nein

10 c · 10 = 100 € ☐ ja ☐ nein

4 **Sophie kauft in der Schule eine Brezel, ein Mohnsemmerl und ein Salzstangerl. Ein Gebäck kostet 40 c.**

5 **Wie viel muss die Lehrerin einsammeln?**

Milchbestellung der 4a für Oktober:
4 Milch zu je 4,40 €
8 Kakao zu je 4,90 €

1   Helena braucht einen Uhu, einen Spitzer und ein neues Federpennal.

2   Valentin braucht noch zwei Mathematikhefte und drei Deutschhefte.

3   Bernhard bezahlt die Hälfte der neuen Schultasche selber.
Wie viel ist das?

4   Frau Grundner kauft im Sonderangebot drei Mappen um 2,50 €.
Wie viel hat sie gegenüber dem Normalpreis gespart?

5   Welche Schulsachen kosten gleich viel? _____

Beim Pizzamann

Kids Pizza
5,99 €

Pizza Salami
8,99 €

Pizza Margherita
7,99 €

Pizza Calzone
9,99 €

1 Felix kauft eine Pizza Salami und eine Kids Pizza. Er bezahlt mit einem 50-€-Schein. Er bekommt _____ € zurück.

2 Frau Neubauer kauft eine Pizza Margherita. Sie bezahlt mit einem 10-€-Schein. Sie bekommt _____ € zurück.

3 Marina kauft beim Pizzamann die billigste Pizza und bezahlt mit einem 5-€-Schein und einer 2-€-Münze.
Sie bekommt _____ € zurück.

4 Mustafa nimmt drei Pizzen mit Salami. Er bezahlt dafür _____ €.

5 Tobias kümmert sich um den Garten der Nachbarin. Er erhält dafür 10 €. Mit dem Geld kauft er eine _____ . Er bekommt _____ € zurück.

6 Bestellung der Familie Lach:
1 Pizza Margherita, 1 Pizza Salami, 1 Pizza Calzone, 1 Kids Pizza

Gesamtbetrag für die Pizzabestellung: _____ €

Der Rand einer Fläche ist der Umfang!

1 Fahre den Umfang aller Vierecke mit Farbe nach!

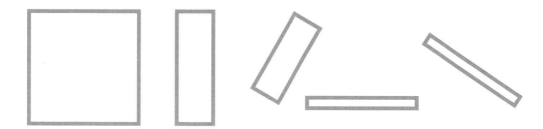

2 Jasmin möchte um ihren kleinen Garten eine Schnur als Zaun rundherum spannen. Der Garten ist 4 m lang und 3 m breit. Jasmin schneidet 14 m Schnur plus 10 cm für den Knoten herunter.

Reichen die 14 m 10 cm ?   ☐ ja   ☐ nein

3 An das Schulhaus grenzt an einer Seite der Schulgarten. Der Garten ist 9 m lang und 6 m breit. Wie viel m Zaun werden benötigt? Zeichne in der Skizze den Zaun ein!

4 Felix zäunt für seine Schildkröte im Garten ein quadratisches Stück der Wiese als Auslauf s = 80 cm ein! Wie viel m und cm Zaun braucht er? Zeichne eine Skizze!

1 Damit niemand in die Baugrube fällt, wickelt Vater um die rechteckige Grube l = 18 m, b = 12 m ein Absperrband. Er wickelt es dreimal rundherum. Zeichne eine Skizze und berechne die Länge des Absperrbandes!

2 Ruth berechnet den Umfang eines Rechtecks so:

l = 56 m

b = 34 m

u = ?

$$\begin{array}{r} 56 \\ 56 \\ 34 \\ \underline{34} \\ \underline{180} \end{array}$$

Der Umfang ist 180 m lang.

Stimmt alles?   ☐ ja   ☐ nein

3 Die einzelnen Strecken stellen den Umfang eines Rechtecks dar. Miss sie ab und zeichne das Rechteck!

l   b

4 Berechne den Umfang des Rechtecks l = 48 m. Die Breite ist um 10 m kürzer. Zeichne eine Skizze!

5 Ergänze und rechne die Rechnung für den Umfang des Quadrats s = 29 m! 29 · ____ = _____

6 Lissi kennt die Seitenlänge eines Quadrates. Mit welcher Seitenlänge muss Lissi die Seitenlänge multiplizieren? Mit der Zahl _____.

Umkehren bedeutet so viel wie umdrehen oder zurückgehen.
Bei der Umkehrung von Umfangsberechnungen weißt du, wie groß
der gesamte Umfang eines Quadrats ist.
Du sollst auf eine Seite zurückrechnen.

Denke daran: **Ein Quadrat hat vier gleich lange Seiten.**

1 **Der Umfang eines Quadrats ist 20 cm lang. Wie lang ist eine Seite?**

Wie rechnest du richtig? Kreuze an!

☐ 20 : 4 = 5   ☐ 20 : 5 = 4   ☐ 20 · 4 = 80   ☐ 20 – 4 = 16

2 **Der Umfang eines Quadrats ist 1 m. Wie lang ist eine Seite?**
Wie rechnest du richtig? Kreuze an!

☐ 1 : 4 = 4   ☐ 100 : 4 = 25   ☐ 100 · 4 = 400

3 **Der Umfang eines Quadrats ist 48 cm. Berechne die Seitenlänge!**

4 **Löse die Aufgabe!**

u = 3 m 80 cm
s = ?

5 **Aus einem 8 cm langen Draht soll ein Quadrat gebogen werden. Wie
lang muss eine Seite sein? Eine Seite muss _____ sein.**

Umkehren bedeutet so viel wie umdrehen oder zurückgehen.
Bei der Umkehrung von Umfangsberechnungen kennst du den gesamten Umfang eines Rechtecks und eine Breite.
Du musst eine Länge berechnen.

Denke daran: **Ein Rechteck hat 2 Längen und 2 Breiten!**

1 **Der Umfang eines Rechtecks ist 38 cm. Die Breite beträgt 9 cm. Wie rechnest du? Kreuze den richtigen Rechenweg an!**

☐ Umfang minus zweimal die Breite ergibt eine Länge.
☐ Umfang minus Breite ergibt eine Länge.
☐ Umfang minus zweimal die Breite ergibt 2 Längen und dann dividiert durch 2.

2 **Der Umfang eines Rechtecks ist 24 m. Die Breite ist 4 m.
Berechne die Länge!**

3 **Familie Ganz kauft 226 m Drahtzaun. Es soll ein rechteckiger Garten, der 65 m lang ist, damit eingezäunt werden. Berechne die Breite des Gartens!**

4 **Die rechteckige Aussichtsfläche auf einem Turm hat einen Umfang von 22 m. Die Länge ist 6 m. Wie lang ist die Breite?**

1 Was ist kürzer oder kleiner als 1 m? Kreuze an!

☐ die Lehrerin   ☐ das Baby   ☐ das Auto   ☐ der Schuh

2 100 g Wurst kosten 1,19 €. Wie viel kosten 300 g Wurst?

3 Ordne die Geldbeträge! Beginne mit dem kleinsten!

9 c   9 €   90 c   9,99 €   90 €   9,09 €

4 Das ist die Skizze eines rechteckigen Grundstücks.
Berechne den Umfang!

24 m

42 m

5 Wandle in das nächstkleinere Maß um!

3 m = _____   8 dag = _____   4 dm = _____

6 kg = _____   5 cm = _____   20 dag = _____

6 Kreuze an! Was dauert länger? ☐ 2 min oder ☐ 119 s

Kontrolliere die Lösungen! Denk an deine Belohnungssterne auf Seite 5!

10 mal 1**000** = 10**000**

10**000** = 1 ZT

▼

3 Nullen ▶ tausend

1 | 346 | 6 | 10 000 | 78 | 5 670

a. Wie heißt die Zahl mit nur einer Stelle? _____

b. Wie heißt die Zehntausenderzahl? _____

c. Nenne die Einer der zweistelligen Zahl! _____

d. Wie heißt die Tausenderzahl? _____

e. Wie viele Hunderter hat die Hunderterzahl? _____

2 **Ergänze die Zahlennachbarn!**

	5 000	
		10 000
3 909		

3 401		
	4 998	
1 000		

3 **Ergänze und zähle in Zehnerschritten!**

6 850						
			5 810			

4 **Ergänze und zähle in Hunderterschritten!**

					7 800
945					

5 **Schreibe die Zahlen auf!**

ZT	T	H	Z	E	
	6	3	0	1	▶ _____
1	0	0	0	0	▶ _____
	5	0	3	8	▶ _____
	2	6	7	0	▶ _____

1 *Kreide* schreibt die Geldbeträge in einer Geheimschrift auf.

ZT	T	H	Z	E
■	●	◆	▼	✖

Schreibe die Geldbeträge darunter!

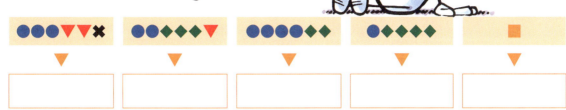

2 **Wie heißt jeweils die Zahl?**

5 T 6 H 3 Z 2 E = _____

9 T 6 Z 4 E = _____

7 T 5 H 1 E = _____

1 ZT = _____

3 **Lies die Zahlen! Schreibe den Stellenwert auf, wo die Zahl 0 steht!**

4 806 ▶ Z_____stelle

5 086 ▶ _____stelle

7 130 ▶ _____stelle

4 **Bilde die größte Tausenderzahl!**

_____ | 7 | 1 | 0 | 9 |

5 **Ein Zahlenstrahl in Hunderterschritten – ergänze die Zahlen!**

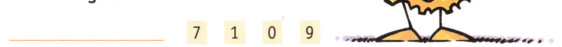

6 **Ergänze die fehlenden Zahlen auf dem Zahlenstrahl!**

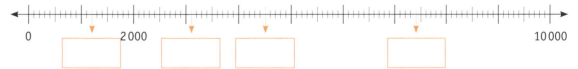

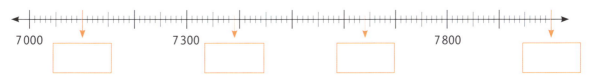

1   Zwischen den Zahlen soll immer der Unterschied 100 sein.

7456	9102	5900	3816	2026
7556				

2   Ergänze!

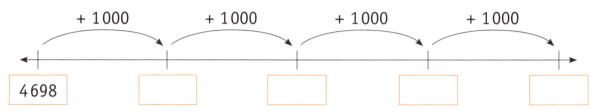

4698

3   Welche Zahlen liegen zwischen 6871 und 6879?

_____

4   Ergänze:

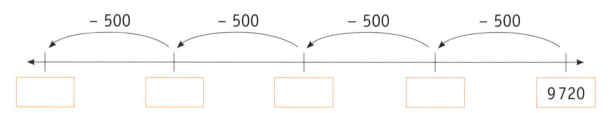

9720

5   Tini addierte zu einer Zahl 1000. Das Ergebnis heißt nun 10000. Die Zahl hieß _____.

6   Addiere!

$6000 + 50 + 3 =$ _____ $9000 + 5 =$ _____

$8000 + 900 + 60 + 1 =$ _____ $5000 + 700 + 50 =$ _____

$9000 + 1000 =$ _____ $400 + 60 + 9 =$ _____

7   Schätze, wo auf dem Zahlenstrahl ungefähr 5000 stehen könnte!

0   10000

8   Welche Stellenwerte wurden vertauscht?

7890   7098   _____

ZAHLENSPIELEREI

Die Zahl heißt: **5034**

1   Zähle zu dieser Zahl 2500 dazu! _____

2   Wie viele Tausender hat diese Zahl? _____

3   Vertausche die Zehnerstelle mit der Tausenderstelle! _____

4   Ist die Zahl 5035 größer oder kleiner? _____

5   Wie heißt der kleinere Einernachbar? _____

6   Das ist das Spiegelbild einer Zahl. **5034**

Ist es die gleiche Zahl? _____

7   Trage die Zahl ein und vergleiche! _____ ◯ 6540

8   Die gesuchte Zahl soll um 100 kleiner sein. _____

9   Nenne die um 1000 größere Zahlen! _____

10   Subtrahiere von dieser Zahl 1! Wie oft kommt die Ziffer 3 vor?

_____

11   Subtrahiere von dieser Zahl 34. Wie viel fehlt dann auf 10000?

RUNDEN

 Zahlen mit **1, 2, 3, 4** an der **Einerstelle** werden **abgerundet**.
Zahlen mit **5, 6, 7, 8, 9** an der **Einerstelle** werden **aufgerundet**.

1 **Runde auf Zehner!**

34 ≈ _____   56 ≈ _____   78 ≈ _____

29 ≈ _____   63 ≈ _____   82 ≈ _____

47 ≈ _____   11 ≈ _____   55 ≈ _____

 Zahlen mit **1, 2, 3, 4** an der **Zehnerstelle** werden **abgerundet**.
Zahlen mit **5, 6, 7, 8, 9** an der **Zehnerstelle** werden **aufgerundet**.

2 **Runde auf Hunderter!**

230 ≈ _____   460 ≈ _____   136 ≈ _____

749 ≈ _____   358 ≈ _____   271 ≈ _____

515 ≈ _____   628 ≈ _____   883 ≈ _____

920 ≈ _____   792 ≈ _____   637 ≈ _____

 Zahlen mit **1, 2, 3, 4** an der **Hunderterstelle** werden **abgerundet**.
Zahlen mit **5, 6, 7, 8, 9** an der **Hunderterstelle** werden **aufgerundet**.

3 **Runde auf Tausender!**

2 680 ≈ _____   4 950 ≈ _____   7 825 ≈ _____

4 038 ≈ _____   9 826 ≈ _____   5 717 ≈ _____

7 294 ≈ _____   3 313 ≈ _____   6 424 ≈ _____

5 552 ≈ _____   8 190 ≈ _____   9 290 ≈ _____

4 **Runde auf Tausender!**

Frau Müller hat 8 367 € gespart. Das sind rund _____ €.

Ein PKW wiegt 1 750 kg. Das sind rund _____ kg.

Eine Stadt hat 5 246 Einwohner. Das sind rund _____ Einwohner.

1 Die Zahl 473 soll auf Hunderter gerundet werden. Kreuze die richtige Zahl an!

☐ 470   ☐ 500   ☐ 400   ☐ 480

2 Die Zahl 3 819 soll auf Tausender gerundet werden. Kreuze die richtige Zahl an!

☐ 3 800   ☐ 3 000   ☐ 4 000   ☐ 3 820

3 Die gerundete Zahl heißt 9 000. Welche Zahlen könnten gerundet worden sein? Kreuze an!

☐ 8 200   ☐ 8 546   ☐ 8 445   ☐ 8 721

4 Die gerundete Zahl heißt 500. Welche Zahlen könnten gerundet worden sein? Kreuze an!

☐ 420   ☐ 485   ☐ 449   ☐ 450

5 Runde auf Tausender! Setze das Rundungszeichen ein!

7 890 ◯ _____   8 040 ◯ _____

3 907 ◯ _____   5 250 ◯ _____

6 Welche Angaben sind gerundet? Kreuze an!

☐ Die Schule beginnt pünktlich um 8.00 Uhr.
☐ Meine Telefonnummer lautet 0664/2834435.
☐ Dem Tischler wurden rund 3 000 € bezahlt.
☐ Ein Ausflug war rund 500 km weit.
☐ Unsere Postleitzahl heißt 5020.
☐ Für die Hausübung brauchte Marlene rund 30 Minuten.
☐ Ein Autokennzeichen hat die Nummer: S – 579 LT
☐ Frau Bruckner ist rund 50 Jahre alt.

7 Runde!

Ein Telefonbuch hat 816 Seiten. Das sind rund _____ Seiten.

Eine Orange wiegt 24 dag. Das sind rund _____ dag.

Der Dachstein ist 2 995 m hoch. Das sind rund _____ m.

Die Rechnung mit gerundeten Zahlen nennt man
Überschlagsrechnung!

1   **Addiere! Schreib die Überschlagsrechnung auf! Runde auf Tausender!**

4 354	Ü: _____	2 896	Ü: _____
4 677	_____	6 256	_____

3 290	Ü: _____	7 798	Ü: _____
2 769	_____	1 243	_____

2   **Subtrahiere! Schreibe die Überschlagsrechnung auf! Runde auf Tausender!**

7 548	Ü: _____	3 154	Ü: _____
− 4 906	− _____	− 1 269	− _____

9 571	Ü: _____	6 928	Ü: _____
− 4 927	− _____	− 2 145	− _____

3   **Multipliziere! Schreibe die Überschlagsrechnung auf! Runde auf Hunderter!**

999 · 3   Ü: _____ · 3   527 · 4   Ü: _____ · 4

4   **Dividiere! Schreibe die Überschlagsrechnung auf! Runde auf Tausender!**

3 309 : 3 = _____   Ü: _____ : 3 =

5 015 : 5 = _____   Ü: _____ : 5 =

Im Diagramm siehst du, wie viel Geld die Schulen im Jahr ausgeben.

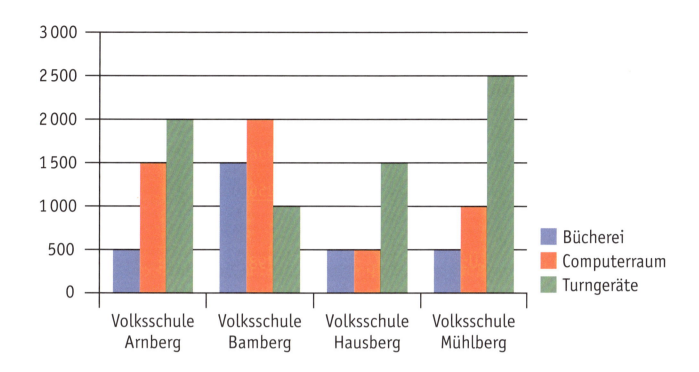

1   **Wie viel Geld hat die Volksschule Mühlberg insgesamt ausgegeben?**

2   **Wie viel Geld hat die Volksschule Arnberg für den Computerraum ausgegeben?** _____

3   **Welche Schule hat 1 500 € für Turngeräte ausgegeben?**

_____

4   **Welche Schule hat das meiste Geld zur Verfügung?**

Lies die Rechengeschichten und streiche weg, was du nicht zum Rechnen brauchst!

1 Die Großtante Susi vererbt ihren 4 Neffen Felix, Lukas, Maxi, Tim und 4 Nichten Sonja, Maria, Sophie und Sara 6 880 €. Jedes Kind erhält gleich viel. Von dem Geld wollen sich die Kinder Fahrräder, Computerspiele und Handys kaufen.

2 Rudi ist ein Glückspilz. Er hat im Lotto das Doppelte von 2 500 € gewonnen. Damit will er eine Schiffsreise machen. Sein Gewinn beträgt _____.

3 Dorothea ist eine Leseratte. Am liebsten liest sie vor dem Einschlafen. Zurzeit fesselt sie ein Harry-Potter-Roman. Ein Buch hat ungefähr 650 Seiten. Insgesamt hat sie bereits zwei von sieben Bänden gelesen. Manuel hat bereits alle sieben Bände gelesen. Wie viele Seiten sind das ungefähr? Kreuze an!

☐ 6 500 Seiten   ☐ 650 Seiten   ☐ 5 000 Seiten

4 Robin wurde am 10. Dezember geboren und ist jetzt 3 Monate alt. Am 10. März wird er in der Kapelle St. Florian getauft. Für das Essen nach der Taufe bezahlen die Eltern 398 €. Es waren 12 Personen eingeladen. Die Hälfte der Rechnung übernimmt die Taufpatin. Das sind ungefähr

☐ 100 €   ☐ 300 €   ☐ 200 €

5 Ronja ist heute genau 9 Jahre alt. Zu ihrer Geburtstagsfeier lädt sie alle Mädchen der 4. Klasse ein. Das sind 12 Freundinnen. Alle bringen Geschenke mit. Nach der Geburtstagsjause machen die Kinder Rätselspiele. Anna fragt: „Wie viele Tage bist du alt, wenn ein Jahr mit 365 Tagen gerechnet wird?"

1 Andreas soll eine Skizze von einem Rechteck zeichnen. Er schreibt die Angaben in cm dazu. Das Rechteck ist 4 m 9 dm lang und 2 m 8 cm breit. Er löst die Aufgabe so:

208 cm

409 cm

Was hat Andreas falsch gemacht? Kreuze an!
☐ Er hat keine rechten Winkel beim Rechteck gezeichnet.
☐ Er hat die Breite des Rechtecks falsch umgewandelt.
☐ Er hat die Länge des Rechtecks falsch umgewandelt.

2 Familie Bauer erntete 162 kg Äpfel. Sie verkaufen davon 98 Äpfel. Bei dieser Sachaufgabe hat sich ein Fehler eingeschlichen. Welcher? Verbessere die Sachaufgabe so, dass du rechnen kannst!

_____

_____

3 Setze die Zahlenfolge fort!

7 670   7 680   _____   _____   _____

4 Der Kilometerzähler eines Autos zeigt 38 567 km.
Das sind rund _____.

5 Bei dieser Multiplikation fehlt eine Zahl. Ergänze sie!

$$\underline{0\ 5\ \cdot\ 3}$$
$$9\ 1\ 5$$

6 Mache zu dieser Subtraktion eine Überschlagsrechnung!

10 000   Ü: _____
– 8 299   _____

_____   _____

Kontrolliere die Lösungen! Denk an deine Belohnungssterne auf Seite 5!

© VERITAS-Verlag, Linz. DURCHSTARTEN – MATHEMATIK 4. KLASSE. Alle Rechte vorbehalten   47

1 Warum ist die Überschlagsrechnung wichtig? Kreuze an!

☐ Sie hilft mir dabei, das Ergebnis einer Rechnung richtig zu schätzen.
☐ Sie hilft mir dabei, die Längenmaße richtig umzuwandeln.
☐ Sie hilft mir dabei, das Dividieren zu üben.

2 Wenn du die Zahl 4 270 auf Tausender runden sollst, so musst du auf die _____stelle schauen und _____runden.

3 Subtrahieren heißt so viel wie _____.

4 Welche Zahl ist vierstellig? Kreuze an!

☐ 234   ☐ 2 340   ☐ 23   ☐ 23 400

5 Welchen Stellenwert hat die Ziffer 8 in der Zahl 89 567?

_____

6 Im Supermarkt Armberg kostet 1 kg Haselnusskerne 5,89 €.
Im Supermarkt Bermberg kostet 1 kg Haselnusskerne 5,69 €.
Was berechnest du?

_____

7 Für ein Fußballspiel wurden 22 751 Karten verkauft. In der Zeitung stand: „Insgesamt wurden rund 20 000 Personen gezählt." Stimmt diese Aussage?

☐ ja   ☐ nein

8 Von einem Rechteck kennt man den Umfang und seine Breite. Was kannst du ausrechnen? Ich kann die _____ berechnen.

9 Wenn du 768 € auf 2 Personen aufteilst, so musst du _____.

10 Was bedeutet das Zeichen ≈? Es bedeutet _____.

$$10 \cdot 1 = 10 \qquad 10 \cdot 100 = 1\underline{000}$$
$$10 \cdot 10 = 100 \qquad 10 \cdot 1\underline{000} = 10\underline{000}$$
$$10 \cdot \underline{\hspace{2cm}} = 100\underline{000}$$

1

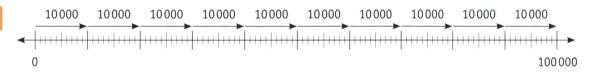

10000 10000 10000 10000 10000 10000 10000 10000 10000 10000

0   100 000

2 **Ergänze mit folgenden Zahlen:** $1\underline{000}$ $10\underline{000}$ $100\underline{000}$

1 t hat _____ kg.

1 km hat _____ m.

40 000 ist 4-mal _____.

10 mal 10 000 ist genauso viel wie _____.

100 mal 1 000 ist genauso viel wie _____.

3 **Kreuze an!**

Können in einer Stadt 100 000 Menschen leben?	☐ ja	☐ nein
Gibt es eine Volksschule mit 100 000 Kindern?	☐ ja	☐ nein
Kann man beim Lotto 100 000 € gewinnen?	☐ ja	☐ nein
Können in einem Hausgarten 100 000 Bäume stehen?	☐ ja	☐ nein

4 **Welche Zehntausenderzahl liegt zwischen 70 000 und 90 000?**

_____

5 **Ergänze die Zahlen!**

50 000				90 000	

6 **Ergänze die Einernachbarn!**

	45 699				67 000	
	59 999				79 999	
	89 000				25 100	
	36 809				10 101	

7 **Zähle zu 65 990 die Zahl 10 dazu!** _____

1 Bei einem Fest wurde viel Geld eingenommen. Frau Reich zählte
20-mal 1 000 €. Insgesamt sind das _____ €.

Wie viel fehlen auf 100 000 €? _____ €.

2 Trage die fehlenden Zahlen im Zahlenstrahl ein!

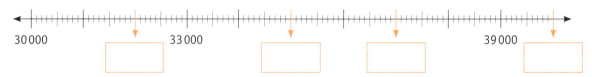

30 000   33 000   39 000

3 Setze die Zahlenfolgen fort!

10 000	30 000			
20 500	21 000			
71 640	71 680			
67 409	67 415			

4 In der ersten Reihe sind die Zahlen um 1 000 kleiner!

78 456	93 976	45 000	60 567	100 000

5 Subtrahiere!

70 000 – 3 000 = _____

100 000 – 60 000 = _____

10 000 – 100 = _____

6 Addiere!

80 000 + 500 = _____

60 000 + 2 000 = _____

90 000 + 9 = _____

7 Wie heißt die Zahl?

7 ZT 4 T 3 H 2 Z 1 E = _____

9 ZT 6 H 4 Z 3 E = _____

1 HT 0 ZT 0 T 0 H 0 Z 0 E = _____

4 ZT 3 Z 5 E = _____

8 ZT 9 T 5 H = _____

Beim Runden von ZT-Zahlen musst du die Tausenderstelle beachten!

1, 2, 3, 4 ▶ abrunden **5, 6, 7, 8, 9 ▶ aufrunden**

1 **Runde auf Zehntausender!**

56 341 ≈ _____   81 234 ≈ _____   78 000 ≈ _____

13 569 ≈ _____   24 004 ≈ _____   96 450 ≈ _____

33 516 ≈ _____   89 021 ≈ _____   68 391 ≈ _____

45 590 ≈ _____   27 900 ≈ _____   92 560 ≈ _____

2 **Runde die Zahlen und vergleiche mit 50 000!**

56 341 ▶ _____   ◯ 50 000

51 004 ▶ _____   ◯ 50 000

44 591 ▶ _____   ◯ 50 000

3 **Kreuze die mögliche Lösung an!**

Herr Rasinger sagt: „ Ich bin in einem Jahr rund 40 000 km gefahren."
Könnten das

☐ 41 890 km   ☐ 34 561 km   ☐ 39 456 km   ☐ 44 870 km

gewesen sein?

4 **Runde die Zahlen 56 567 und 34 102! Addiere dann die gerundeten Zahlen. Das Ergebnis ist rund _____ .**

5 **Die tiefste Stelle im Pazifischen Ozean ist 11 034 m. Das sind rund _____ m.**

6 **Das größte Passagierflugzeug der Welt ist der Airbus A380. Man kann es mit 66 400 kg beladen. Das sind rund _____ .**

7 **Frau Nass lässt in das Schwimmbecken in ihrem Garten 19 400 l ein. Das sind rund _____ .**

Überschlagsrechnungen werden mit gerundeten Zahlen gerechnet!

1 **Das sind Gewinne beim Toto!**

Jänner: 34810 €   Februar: 28516 €

Wie viel Geld ist das insgesamt?

Rechnung: _____   Überschlagsrechnung: _____

_____   _____

2 **Familie Weit kaufte ein Grundstück um 48540 € und Familie Nah eines um 32520 €. Wie groß ist der Preisunterschied?**

Rechnung: _____   Überschlagsrechnung: _____

_____   _____

3 **Der Autohändler verkauft 2 gleiche Autos um je 20450 €. Wie viel nimmt er insgesamt ein?**

Rechnung: _____   Überschlagsrechnung: _____

_____   _____

4 **Zwei Enkelkinder bekommen von der Großmutter insgesamt 21576 €. Sie teilen das Geld.**

Rechnung: _____   Überschlagsrechnung: _____

5 **Schreibe mit folgenden Zahlen eine Addition als Überschlagsrechnung und eine Subtraktion als Überschlagsrechnung!**

43561   37123

 = 10 000   = 1 000   = 100

1 Ein Bienenstaat zählt im Sommer

Bienen.

Nach dem Winter schätzt der Imker, dass es nur mehr

sein werden.

2 Niederösterreicher verdienen im Jahr etwa 23 776 €, Tiroler 20 671 € und Vorarlberger 22 650 €. Trage richtig ein!

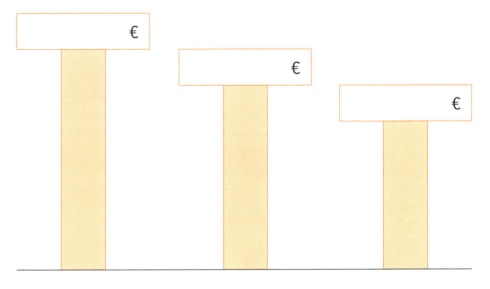

Bundesland: _____   _____   _____

3 Der Tachozähler des Autos zeigt 56 142 km. Bei 60 000 muss Angelika das Service machen. Wie weit kann sie bis dahin noch fahren?

1 Rechne die Rechnungen! Addiere die Ergebnisse.
So viel Geld ist im Safe!

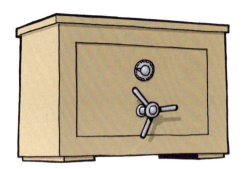

2 000 · 5	=	
10 000 · 2	=	
25 000 · 2	=	
5 000 · 4	=	

Im Safe sind _____.

2 Welche Zahlen haben beim Lotto gewonnen?

12	36	8	42	23	18

3 Welche Zahlen verstecken sich hinter den Bildern?
Löse das Bilderrätsel!

1   **Kerstins Division heißt:**   462 : 7 =
Wie beginnt Kerstin? Kreuze an!

- ☐ Kerstin schreibt den 2er der Einerstelle herunter.
- ☐ Kerstin dividiert 46 durch 7 und schreibt 4 als Rest an.
- ☐ Kerstin bestimmt den Stellenwert.

2   **Welche Euro- und Centmünzen gibt es? Schreibe sie auf!**

Euromünzen: _____

Centmünzen: _____

3   **Die Zahl heißt 7 050. Nimm einen Einer weg! Jetzt heißt die Zahl**

_____ .

4   **Bilde mit 5, 8, 0, 3 die größte vierstellige Zahl! Sie heißt** _____ .

5   **Der Stellenwert einer Zahl beträgt 1 T 5 Z. Wie heißt die Zahl?**

_____

6   **Verbinde richtig!**

1 kg wiegt genauso viel wie   1000 kg.
1 dag wiegt genauso viel wie   100 dag.
1 t wiegt genauso viel wie   10 g.

7   **Nenne die Zahlen, die abgerundet werden!** _____

8   **Wenn du von einer Zahl das Vielfache berechnest, so musst du**

_____ .

9   **Das überschlagende Rechnen hilft dir dabei, das Ergebnis**

- ☐ ungefähr zu schätzen.   ☐ genau auszurechnen.

10   **Ein Zahlenstrahl ist in Zehnerschritte eingeteilt. Welche Zahl kann nicht vorkommen? Kreuze an!**

☐ 5 660   ☐ 5 670   ☐ 5 679   ☐ 5 680

1 000 mal 1 000 = 1 000 000

1 Schreibe die Zahl für eine Million auf! _____

2 Diese Leute haben im Lotto gewonnen. Trage die Zahlen ein!

	Gewinn	Zahl
Lilli	3 mal 1 ZT	
Willi	1 000 mal 1 T	
Rolli	4 mal 1 HT	
Lolli	5 mal 2 H	
Ken	10 mal 1 HT	

3 Das ist der Zahlenstrahl bis 1 000 000.

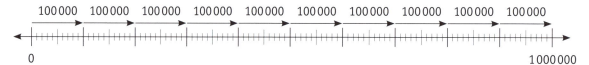

100 000   100 000   100 000   100 000   100 000   100 000   100 000   100 000   100 000   100 000

0   1 000 000

Wie viele 100 000er Schritte brauchst du bis zur Million? _____

4 Setze die Zahlenfolgen fort!

200 000	300 000			
0	200 000	400 000		
100 000	150 000	200 000		

5 Rechne!

300 000 − 100 000 = _____   400 000 − 10 000 = _____

200 000 − 1 = _____   900 000 − 1 000 = _____

1 000 000 − 200 000 = _____   1 000 000 − 1 = _____

1 Ergänze!

1000000	
100000	
	700000
200000	
400000	
	500000

1000000	
120000	
240000	
	550000
	890000
680000	

1000000	
190000	
470000	
820000	
	710000
	999999

2 Welche Zahlen sind größer als 678231 ? Kreuze an!

☐ 778231   ☐ 678330   ☐ 678230   ☐ 678232

3 Welche Zahlen sind kleiner als 504201 ? Kreuze an!

☐ 604201   ☐ 504200   ☐ 504210   ☐ 504199

4 Bemale die Namen, die 1000000 Euro gewonnen haben!

(GEHEIMSCHRIFT : 🟡 = 1000000   🟦 = 100000   🔺 = 10000)

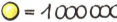

Beginne mit dem Zehner zu rechnen!
Hänge die Null an!

1 **Multipliziere mit zehn!**

35 · 10	48 · 10	56 · 10	82 · 10	120 · 10
230 · 10	754 · 10	94 · 10	627 · 10	496 · 10

2 **Multipliziere mit anderen reinen Zehnern!**

12 · 20	31 · 40	22 · 30	71 · 50	84 · 20
41 · 60	53 · 30	81 · 50	42 · 40	61 · 70

3 **Multipliziere und vergiss nicht auf das Weiterzählen!**

34 · 30	58 · 30	76 · 40	65 · 60	27 · 50
86 · 70	59 · 80	39 · 90	62 · 40	83 · 50

Beginne mit dem Zehner zu rechnen!
Hänge die Null an!
Multipliziere mit den Einern und addiere!

1 **Multipliziere!**

146 · 56	407 · 21	234 · 38	278 · 27
421 · 18	209 · 47	256 · 35	175 · 49
106 · 84	214 · 33	132 · 49	110 · 68

2 **Multipliziere 280 mit 81 !**

3 **Wie viel ist 485 mal 57?**

1 Wie heißt das 37-fache von 192?

2 Multipliziere die Zahlen 235 und 27!

3 Eva fährt jeden Tag insgesamt 94 km zu ihrer Arbeitsstelle. Wie viele km fährt sie in 4 Arbeitswochen (20 Tage)?

4 In der 4. Klasse sitzen 25 Kinder. Jedes rechnet zur Hausübung 18 Rechnungen. Wie viele Rechnungen muss die Lehrerin kontrollieren?

5 In einem Monat werden für 22 Kinder jeweils 11 Arbeitsblätter kopiert. Wie viele Kopien sind das in einem Monat ungefähr? Mache die Überschlagsrechnung!

In einem Autohaus stehen folgende Fahrzeuge zum Verkauf:

BMW: 39 100 €	VW: 23 500 €	Mini: 3 630 €	Motorrad: 9 700 €

1 Familie Kraus entscheidet sich für den VW. Die Mutter verhandelt und erhält einen Nachlass von 1 416 €.

2 Studentin Beate kauft das günstigste Fahrzeug. Sie bezahlt in drei Raten.

3 Die Firma Huber kauft drei BMW mit Extraausstattung. Diese kostet pro Fahrzeug um 3 850 € mehr.

4 Zwei Freunde kaufen gemeinsam das Motorrad.

1   **Rechne im Kopf! Ordne den Zahlen die Buchstaben zu!**

P = 3 000	U = 500	E = 1 000	R = 5 000	S = 2 000
A = 50 000	I = 30 000	P = 20 000	R = 5 000	M = 10 000
B = 200 000	O = 500 000	V = 100 000	A = 300 000	R = 50 000

•	20	5	30	10	50
100					
1 000					
10 000					

Lösungswörter: _____

2   **Die Multiplikation heißt:** $2063 \cdot 21$

Die Überschlagsrechnung dazu heißt:

☐ $2\,000 \cdot 20$ ☐ $3\,000 \cdot 20$ ☐ $2\,000 \cdot 10$

3   **Setze die fehlenden Zahlen ein!**

$$
\begin{array}{r} 6\ 5\ 7 \cdot 3 \\ \hline 1\ 6\ \underline{} \end{array}
\qquad
\begin{array}{r} 1\ \ \ 0\ 7 \cdot 8 \\ \hline 9\ 6\ \underline{} \end{array}
\qquad
\begin{array}{r} 1\ 2\ 3 \cdot 7 \\ \hline 3\ 5\ 8\ \underline{} \end{array}
$$

$$
\begin{array}{r} 3\ 5\ 6 \cdot 9 \\ \hline 2\ 1\ \underline{} \end{array}
\qquad
\begin{array}{r} 4\ 5\ 2 \cdot 5 \\ \hline 2\ 2\ 2\ \underline{} \end{array}
\qquad
\begin{array}{r} 8\ 9\ 5 \cdot 6 \\ \hline 1\ 1\ 3\ \underline{} \end{array}
$$

4   **Welcher Fehler wurde bei dieser Multiplikation gemacht? Kreuze an!** $45 \cdot 5$

   $\underline{205}$

☐   Es wurde der Übertrag nicht weitergezählt.

☐   Es wurden die Zehner nicht multipliziert.

☐   Die Einmaleinsreihen wurden nicht gut gelernt.

5   **Wie geht es weiter?**

2000   2001   2004   2005   _____   _____   _____

5000   4991   4982   4973   _____   _____   _____

SUPER, DAS KANN ICH!

1 Wie heißt die kleinste vierstellige Zahl? Schreibe sie auf! _____

2 Wie heißt die Zahl, die aus 5 ZT 5 H 3 E besteht? _____

3 Welchen Stellenwert hat die Ziffer 8 in 820 500? _____

4 Bei einer Busreise werden an den einzelnen Tagen folgende Strecken zurückgelegt: 356 km, 478 km, 212 km, 431 km und 289 km. Runde auf Hunderter und mache die Überschlagsrechnung!

5 Berechne den siebten Teil von 595!

6 Für ein Kindermusical kostet die Eintrittskarte 7,50 € und die Busfahrt 4,50 € pro Kind. Von einer Schule besuchen 61 Kinder die Veranstaltung.

7 Der Umfang eines Quadrates beträgt 104 m. Wie groß ist eine Seite?

Kontrolliere die Lösungen! Denk an deine Belohnungssterne auf Seite 5!

764 : 32 =
12

1. Bestimme den Stellenwert!
2. Schätze! Wie oft mal 30 ergibt weniger als **80**?
3. Der Rest **muss kleiner** sein als die Zahl, durch die du dividierst!

1 **Dividiere! Es bleibt kein Rest!**

T	H	Z	E			H	Z	E
9	4	3	: 41 =					

T	H	Z	E			H	Z	E
9	3	0	: 31 =					

T	H	Z	E			H	Z	E
6	4	0	: 32 =					

T	H	Z	E			H	Z	E
9	9	6	: 12 =					

T	H	Z	E			H	Z	E
1	2	8	7 : 11 =					

T	H	Z	E			H	Z	E
6	6	7	8 : 63 =					

T	H	Z	E			H	Z	E
7	6	6	5 : 73 =					

T	H	Z	E			H	Z	E
8	1	1	8 : 82 =					

89 4 : 43 =

Statt zu schätzen:
Wie oft mal 43 ist kleiner als **89**, kannst du auch multiplizieren!

43 · 2   43 · 3
86 ▸ kleiner als 89 ✔   **129** ▸ größer als 89!

1 **Divisionen durch Zahlen, die an der Einerstelle 1, 2 oder 3 haben!**

T	H	Z	E			H	Z	E
1	5	0	9	: 72 =				

T	H	Z	E			H	Z	E
3	5	7	8	: 53 =				

T	H	Z	E			H	Z	E
8	1	0	5	: 81 =				

T	H	Z	E			H	Z	E
6	7	4	9	: 62 =				

T	H	Z	E			H	Z	E
5	0	9	7	: 93 =				

T	H	Z	E			H	Z	E
4	5	7	1	: 71 =				

T	H	Z	E			H	Z	E
8	9	7	4	: 13 =				

T	H	Z	E			H	Z	E
9	4	6	7	: 92 =				

1 **Divisionen durch Zahlen, die an der Einerstelle 7, 8 oder 9 haben!**

T	H	Z	E

H	Z	E

5 3 2 0 : 67 =

T	H	Z	E

H	Z	E

7 8 1 9 : 79 =

T	H	Z	E

H	Z	E

6 2 0 9 : 18 =

T	H	Z	E

H	Z	E

2 6 5 3 : 59 =

T	H	Z	E

H	Z	E

4 8 1 2 : 88 =

T	H	Z	E

H	Z	E

1 9 9 5 : 38 =

T	H	Z	E

H	Z	E

5 5 9 3 : 79 =

T	H	Z	E

H	Z	E

9 9 9 9 : 97 =

2 **Die Zahl hat 5 T 4 H 3 Z 2 E und wird durch 58 dividiert. Bleibt da ein Rest? Kreuze an!**

☐ ja   ☐ nein

Wie viel Rest bleibt? _____

1   **Divisionen durch Zahlen, die an der Einerstelle 4, 5 oder 6 haben!**

T	H	Z	E			H	Z	E

3   2   0   : 74 =

T	H	Z	E			H	Z	E

5   3   2   0   : 65 =

T	H	Z	E			H	Z	E

3   2   0   : 56 =

T	H	Z	E			H	Z	E

5   3   2   0   : 44 =

T	H	Z	E			H	Z	E

3   2   0   : 95 =

T	H	Z	E			H	Z	E

5   3   2   0   : 86 =

T	H	Z	E			H	Z	E

3   2   0   : 16 =

T	H	Z	E			H	Z	E

5   3   2   0   : 24 =

2   **Hainer rechnet die Division so! Rechne du die Division noch einmal!**

8 168 : 43 = $\underline{188}$
3 86
  428
    84 R

Welchen Fehler hat Hainer gemacht? _____

1   Die 4. Klasse fährt eine Woche zum Wandern in die Berge. Die Lehrerin hat von 23 Kindern insgesamt 1 725 € für diese Woche eingesammelt. Wie viel musste jedes Kind für diese Woche bezahlen?

2   Herr und Frau Lehner bezahlten im letzten Jahr insgesamt 636 € für den Strom. Wie viel Euro sind das im Monat?

3   Herr Tretinger möchte von Wien bis Paris mit dem Fahrrad fahren. Die Strecke ist insgesamt 1 232 km lang. Er möchte nur 14 Tage unterwegs sein. Wie viele km muss er täglich fahren?

4   Ein Elefant frisst in einem Monat (1 Monat = 30 Tage) ungefähr 7 500 kg Pflanzen. Das sind an einem Tag _____.

Setze richtig ein und rechne!

34 Leute   269 Passagieren

1 **Auf einem Flughafen kommt ein Flugzeug mit** _____
an. Sie werden mit Bussen in die Stadt gefahren. In jeden Bus
passen _____ .

a) Wie viele voll besetzte Busse müssen bereitstehen?
b) Der Rest sitzt in einem weiteren Bus. Wie viele Leute sind das?

40 dag   120 g, 114 g und 135 g   drei junge Kätzchen

2 **Julians Katze bekam** _____ **. Er geht mit ihnen zum**
Tierarzt. Das Gewicht der Kätzchen ist _____ .
Er legt sie in einen Korb, der _____ **wiegt. Muss Julian mehr**
als 1 kg tragen?

14 Tage   450 €, dann 26 € und 2450 €

3 **Herr Glück spielt gerne Lotto. Er hat schon dreimal gewonnen.**
Einmal _____ **. Mit diesem Geld fährt er nun**
_____ **auf Urlaub. Wie viele Euro kann er täglich für das**
Hotelzimmer und das Essen verbrauchen?

4 **In einer Bäckerei werden an einem Tag 6 000 Semmeln, 64 Brotlaibe**
und 150 Stück süßes Gebäck verkauft. Wie viele Stück sind das
insgesamt? Kreuze an!

Musst du ☐ dividieren oder ☐ subtrahieren oder ☐ addieren oder
☐ multiplizieren?

Beim Multiplizieren von Geldbeträgen mit Euro und Cent muss in c umgewandelt werden!

1 1 € hat _____ c.

2 Die Kosten für eine Übernachtung in der Jugendherberge betragen pro Schüler 16 € 50 c. 18 Kinder bezahlen diesen Betrag.

3 In einer Buchhandlung wurden in der letzten Woche 42 Stück eines spannenden Buches zu je 25 € 60 c verkauft.

4 Eine Schule kauft 15 Kinderlexika an. Ein Lexikon kostet 15 € 40 c.

5 Für die 4. Klasse wird Lesestoff gekauft. Ausgewählt wird das Buch „Die kleine Hexe". Es kostet 8 € 20 c. 24 Kinder wollen es haben.

Im Elektrofachmarkt kannst du viele Haushaltsgeräte kaufen.

382,30 €

132,20 €

611,90 €

39,90 €

1   Es wurden in einem Monat 15 Kaffeemaschinen verkauft.

2   Beim Kauf einer Küchenmaschine und eines Pürierstabes gibt es diese Woche einen Preisnachlass von 29 €. Das Angebot wird von 35 Familien gekauft.

3   Weil die Lebensmittelwaagen eine kleine Beschädigung haben, müssen alle 47 Käufer um 25 € weniger bezahlen.

4   Wenn man eine gebrauchte Kaffeemaschine zurückgibt, erhält man beim Kauf einer neuen einen Preisnachlass von 147 €. Im Monat März wurden 26 gebrauchte Maschinen zurückgenommen und neue verkauft.

Beim Dividieren müssen Geldbeträge mit Euro und Cent immer in c umgewandelt werden!

1 Familie Berger zahlt für eine Fachzeitschrift im Jahr 93,60 €. Sie erscheint monatlich. Wie viel kostet die Zeitschrift im Monat?

2 Für die Hin- und Rückfahrt mit dem Zug müssen 14 Kinder 96,60 € bezahlen. Wie viel € und c muss ein Kind bezahlen?

3 Frau Petter kauft neue Gardinen. Sie bezahlt für 28 m Vorhangstoff 223,72 €. Wie viel kostet 1 m Stoff?

4 Für ein Restaurant werden 35 neue Tischdecken gekauft. Sie kosten 206,50 €. Wie viel kostet eine Tischdecke?

MULTIPLIZIEREN UND DIVIDIEREN MIT EURO UND CENT

Setze richtig ein und rechne!

72 Monatsraten   144 000 €

1 Familie Meister kauft sich ein Haus. Es kostet _____.
Es wird in _____ abbezahlt. Wie hoch ist eine
solche Rate?

jährlich   monatlich

2 Sophie hat _____ etwa 28 € Telefonrechnung.
Wie viel muss sie _____ rund bezahlen?

drei   5 460 €   vier   1 500 €

3 _____ Jugendliche kaufen sich gemeinsam eine neue Küche
um _____. Sie zahlen _____ an und zahlen
den Rest in _____ Monatsraten.

115 €   12 Raten

4 Familie Taupe kauft sich einen Rasenmäher. Der Vater bezahlt
_____ zu je _____. Wie viel kostet der
Rasenmäher?

1 Frau Messer geht einkaufen. Im Supermarkt bezahlt sie 42,60 €, beim Bäcker 7,20 € und beim Metzger 25,70 €. Runde die Geldbeträge auf ganze Euro und addiere!

2 Anna sammelt 1-Cent-Münzen. Sie hat bereits 1 250 Cent-Stücke. Rechne in Euro um! Das sind ____ € ____ c. Das sind rund ____ €.

3 Wie viel fehlt rund auf 1 000 Euro? Rechne im Kopf!

271,72 € ▶ Das sind rund _____ €. Es fehlen noch _____ €.

822,39 € ▶ Das sind rund _____ €. Es fehlen noch _____ €.

437,05 € ▶ Das sind rund _____ €. Es fehlen noch _____ €.

545,65 € ▶ Das sind rund _____ €. Es fehlen noch _____ €.

4 Welcher Geldbetrag ist genauso viel wert wie 1 c? Kreuze an!

☐ 0,10 €   ☐ 1 €   ☐ 0,01 €   ☐ 10 €

5 Auf dem Sparbuch liegen 6 520,78 €. Es werden rund 2 000 € abgehoben. Welcher Betrag wurde tatsächlich abgehoben? Kreuze an!

☐ 1 243,60   ☐ 1 389,20   ☐ 2 389,90

6 Schreibe als Zahl an und runde auf Zehntausender!

elftausend Euro _____ € ≈ _____ €

achtunddreißigtausend Euro _____ € ≈ _____ €

dreiundsechzigtausend Euro _____ € ≈ _____ €

sechsundachtzigtausend Euro _____ € ≈ _____ €

7 Eine Waschmaschine kostet 799,99 €. Das sind rund _____ €.

8 Eine Eckbankgruppe kostet 2 999 €. Das sind rund _____ €.

9 Ein Auto kostet 29 850 €. Das sind rund _____ €.

Rechne zuerst auf die **Einheit**, also auf **ein Stück**!
Dann auf die **Mehrheit**, also **mehrere Stücke**!

1 **3 Flöten kosten 120 €.**
Wie viel kosten 4 Flöten?

3 Flöten ▶ 120 €
1 Flöte ▶ ? €

1 Flöte ▶ _____ €
4 Flöten ▶ ? €

2 **4 Puppen kosten 79,96 €.**
Wie viel kosten 5 Puppen?

4 Puppen ▶ 79,96 €
1 Puppe ▶ ? €

1 Puppe ▶ _____ €
5 Puppen ▶ ? €

1 **Kreuze den richtigen Rechensatz an:**

Opa Herbert macht täglich ein Mittagsschläfchen. In 7 Tagen verbringt er 105 Minuten auf dem Sofa. Wie viel Zeit verschläft Opa im Dezember durch seine Mittagsschläfchen?

☐   7 Tage ⟶ 105 min
     31 Tage   ? min

☐   31 Tage ⟶ 105 min
     7 Tage   ? min

2 **Schreibe zu diesem Rechensatz eine Rechengeschichte!**

    5 Bilderrahmen ⟶ 17,45 €
   15 Bilderrahmen ⟶   ? €

_____

_____

_____

3 **Schreibe zu dieser Rechengeschichte den Rechensatz auf.**

Sechs Faserstifte kosten 2,94 €. Wie viel kosten 12 Stifte?

_____ ⟶ _____ €

_____ ⟶   **?**   €

4 **Welche Sachaufgabe passt zu diesem Rechensatz? Kreuze an!**

52 l Diesel ⟶ 936 km
40 l Diesel ⟶ ? km

☐ Herr Berger tankt 92 l Diesel. Er bezahlt dafür 936 €.

☐ Herr Berger fährt mit einer Tankfüllung von 52 Liter Diesel 936 km weit. Wie weit kann er mit 40 l Diesel fahren?

☐ Herr Berger tankt 40 Liter Diesel und fährt damit 936 km. Wie weit kann er mit 52 Liter Diesel fahren?

1   Fünf Kühe geben 300 l Milch. Bauer Weizinger hat 42 Kühe im Stall.

2   Der Getränkefahrer liefert in ein Gasthaus 15 Kisten zu je 4,80 €
Mineralwasser.

3   Ein LKW-Fahrer legt in einem Jahr 72 800 km zurück. Ein
PKW-Fahrer fährt in einem Jahr 33 400 km. Mache die
Überschlagsrechnung!

4   Tierpfleger Joachim fütterte an 100 Tagen im Jahr die Löwen
im Zoo. Eine Fütterung dauerte ungefähr 30 Minuten. Wie viele
Stunden und Minuten sind das?
Es sind _____ Minuten. Das sind _____ Stunden.

5   Frau Ablinger schleppt Äpfelkisten zum Wochenmarkt. Die 10 Kisten
wiegen 130 kg. Eine Kiste wiegt somit _____ kg.

Kontrolliere die Lösungen! Denk an deine Belohnungssterne auf Seite 5!

RECHENRÄTSEL

1 **Wie viele Farben hat die österreichische Fahne?** _____

2 **Ergänze die logischen Reihen!**

◆ eintausend, _____, fünftausend, siebentausend

◆ Addition, Subtraktion, _____, Division

◆ Rechteck, _____

◆ Euro, _____

◆ Tonne, Kilogramm, Dekagramm, _____

◆ Kilometer, Meter, Dezimeter, _____, Millimeter

◆ Stunde, Minute, _____

3 **Sophie sagt: „Es ist fünf nach zwölf!" – Was meint sie damit?**

☐ Uhrzeit ☐ Geldbetrag ☐ Datum

4 **Im Kinoprogramm steht:**

Pippi Langstrumpf: Sa 14.45, 17.00
So 14.30, 16.30

☐ Sitzplatznummer
☐ Beginnzeiten des Films
☐ Preis für eine Kinokarte

5 **Josef hat zwei Tennisbälle, drei Äpfel, eine Tafel Schokolade, zwei Kiwis, fünf Bananen und ein Fahrrad. Wie viel Stück Obst hat er?**

_____

6 **Welche Zahl verdeckt der Klecks, wenn die Gleichung stimmt? Kreuze an!**

$$500 - 50 = 430 +$$

☐ 30 ☐ 40 ☐ 20 ☐ 60

Die Geschwister Ella und Leo wohnen in Tritten. Sie besuchen öfters Freunde in ihrer Umgebung. Sie fahren mit dem Bus. Da legen sie viele km zurück. Rechne im Kopf!

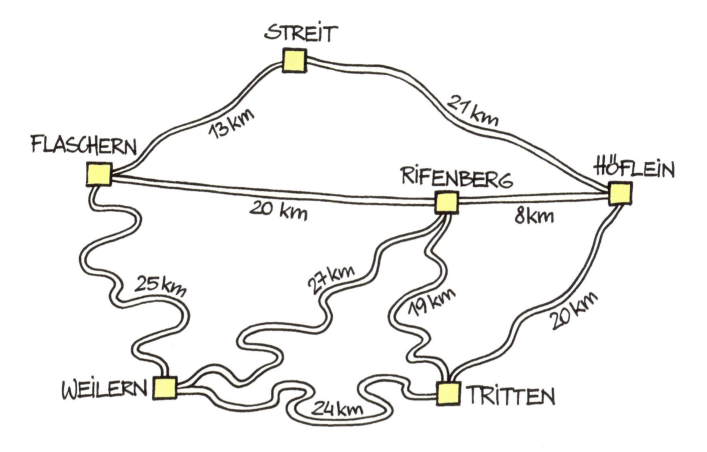

1 Ella fährt zu ihrer Oma über Höflein nach Streit. _____

2 Leo besucht seinen Freund in Flaschern und fährt über Rifenberg.
_____

3 Ella und Leo fahren nach Weilern einkaufen. _____

4 Leo braucht einen Ersatzteil für sein ferngesteuertes Auto.
Er muss nach Flaschern über Weilern. _____

Der Würfel ist ein geometrischer Körper.

1 **Trage die fehlenden Zahlen ein!**

Ein Würfel hat _____ quadratische Flächen.

 _____ Kanten

_____ Ecken

2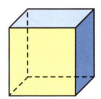

a) Du kippst den Würfel einmal nach hinten. Welche Farbe ist nun oben?

_____

b) Du kippst den Würfel zweimal nach rechts. Welche Farbe ist nun unten?

_____

c) Du kippst den Würfel einmal nach links. Welche Farbe ist nun oben?

_____

3 **Warum hat der Würfel 12 gleich lange Kanten? Alle Flächen sind**

_____ .

4 **Ziehe jeweils nur die vorderen Kanten mit Farbe nach!**

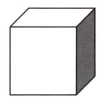 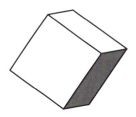 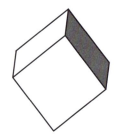 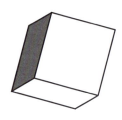

Der Quader ist ein geometrischer Körper.

1 **Ergänze die fehlenden Zahlen.**

Ein Quader hat _____ rechteckige Flächen.

_____ Kanten

_____ Ecken

2 **Bei beiden Netzen des Quaders fehlen Flächen. Ergänze sie!**

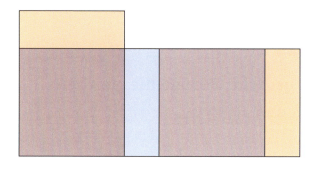   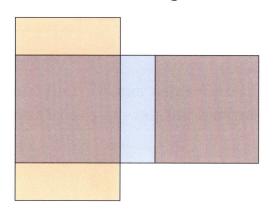

3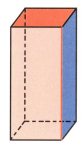

a) Du kippst den Quader dreimal nach links. Welche Farbe ist nun vorne?

b) Du kippst den Quader einmal nach links. Welche Farbe ist nun oben?

c) Du kippst den Quader einmal nach vorne. Welche Farbe ist nun vorne?

1   Das sind Netze eines Würfels. Bemale alle gegenüberliegenden Flächen mit der gleichen Farbe.

2   Diese Formen aus Würfeln wurden gedreht. Bemale die gleichen Formen mit der gleichen Farbe!

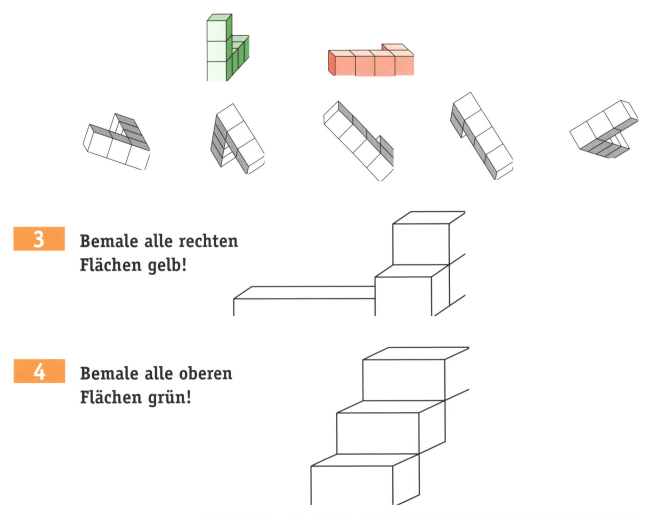

3   Bemale alle rechten Flächen gelb!

4   Bemale alle oberen Flächen grün!

1 Benenne die einzelnen geometrischen Körper!

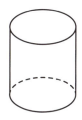

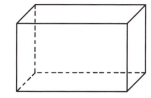

_____   _____   _____

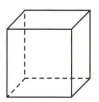

_____   _____   _____

2 Zwei Teile ergeben einen geometrischen Körper! Welche Teile gehören jeweils zusammen?

   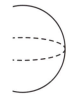   

Teil 11   Teil 6   Teil 12   Teil 2   Teil 4   Teil 1

    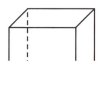   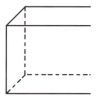   

Teil 10   Teil 3   Teil 7   Teil 8   Teil 9   Teil 5

Zylinder Teil _____ und Teil _____   Kugel   Teil _____ und Teil _____

Quader   Teil _____ und Teil _____   Würfel   Teil _____ und Teil _____

Kegel   Teil _____ und Teil _____   Pyramide   Teil _____ und Teil _____

PARALLELE LINIEN

 Zwei Geraden sind dann **parallel**, wenn der **Abstand** zwischen ihnen **gleich** ist.

1 Suche in diesen Flächen die parallelen Linien und kennzeichne sie mit rotem Farbstift!

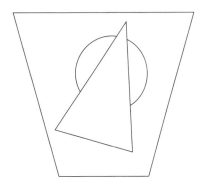 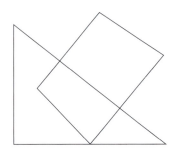

2 Welche Gassen sind zueinander parallel?

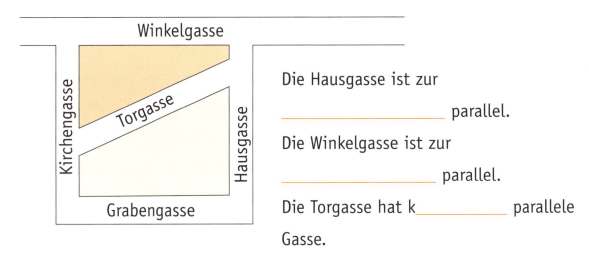

Die Hausgasse ist zur

_____ parallel.

Die Winkelgasse ist zur

_____ parallel.

Die Torgasse hat k_____ parallele

Gasse.

3 Ziehe nur die Geraden mit Farbe nach, die zueinander parallel sind!

4 Ziehe mit Farbe alle Kanten des Quaders nach, die zur roten Kante parallel sind!

 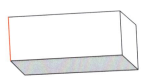 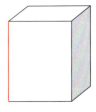

✎ Ein Rechteck hat 4 rechte Winkel.
Rechte Winkel misst man mit dem Geodreieck!

1 Zeichne in diese Flächen die rechten Winkel ein und schreibe die Anzahl in die grünen Felder!

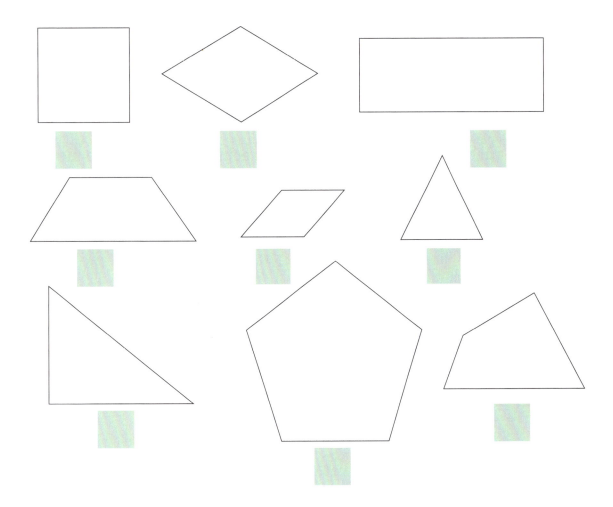

2 Wie viele rechte Winkel findest du im Wort **MATHEMATIK**?

Es sind _____ rechte Winkel.

3 Wie viele rechte Winkel findest du in einem Quadrat?

Es sind _____ rechte Winkel.

Dieser Winkel ist größer als ein rechter Winkel!

1 Manche Winkel sind größer als rechte Winkel. Suche sie in diesen Flächen und bemale sie rot!

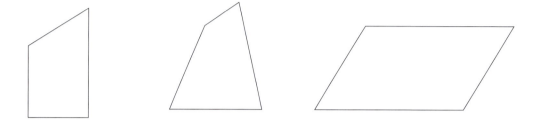

2 Manche Winkel sind kleiner als rechte Winkel. Suche sie in diesen Flächen und bemale sie blau!

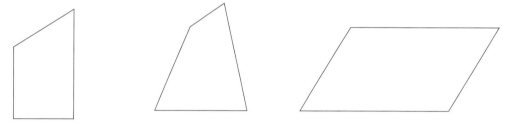

 Dieser Winkel ist kleiner als ein rechter Winkel.

3 Schätze, welcher Winkel größer oder kleiner als ein rechter Winkel ist! Überprüfe dann mit dem Geodreieck! Bemale die größeren Winkel rot und die kleineren blau!

1 Eine Schnecke kriecht in 45 Minuten 2 m 25 cm weit. Welche Entfernung legt sie bei gleichem Tempo in einer Stunde (60 Minuten) zurück?

2 Was ist am schwersten? Kreuze an!

☐ 24 kg 7 dag   ☐ 2 470 dag   ☐ 24 kg 7 g

3 Die Uhrzeiger können auch einen rechten Winkel anzeigen. Kreuze an, wo die Zeiger einen rechten Winkel bilden!

☐ Der Minutenzeiger steht auf 12 und der Stundenzeiger auf 3.
☐ Der Minutenzeiger steht auf 12 und der Stundenzeiger auf 6.
☐ Der Minutenzeiger steht auf 12 und der Stundenzeiger auf 9.
☐ Der Minutenzeiger steht auf 12 und der Stundenzeiger auf 8.

4 Kreuze die Gegenstände an, die parallele Geraden haben!

☐ Sprossen einer Leiter
☐ Äste eines Baumes
☐ Linien im Schreibheft
☐ Seitenlängen eines Dreiecks
☐ Linien auf dem Geodreieck

5 Geldbeträge werden in _____ und _____ angegeben.

6 Große Entfernungen werden in _____ angegeben.

7 Die Zeitdauer wird in _____, _____ und _____ angegeben.

8 Das Gewicht eines Ringes wird in _____ angegeben.

Herr Zeitl möchte sich eine neue Armbanduhr kaufen. In der Auslage des Uhrengeschäfts liegen einige Uhren, die allerdings unterschiedliche Uhrzeiten angeben.

1 Herr Zeitl kauft sich die Uhr, auf der es 9.20 Uhr ist.
Wie viel kostet diese Uhr? _____

2 Rita schreibt alle Zahlen von 0 bis 100 auf.
Wie oft mal schreibt sie dabei die Ziffer 6?

_____

3 Denke an das Einmaleins von 7! Wie oft mal kommt die Ziffer 4 bei den Ergebniszahlen vor? _____

4 Die Großmutter hat einen Tisch mit einer quadratischen Tischplatte. Sie will eine runde Decke darauf legen. Sie soll ganz genau hinaufpassen. Passt die gelbe oder die rosarote Decke?
Miss mit dem Lineal!

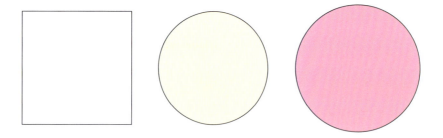

Es passt die _____.

5 Die Zahl 18 wird durch 2, 3, 4, 5, 6, 7, 8 und 9 dividiert.
Wie oft mal kommt beim Ergebnis Rest 2 heraus?

_____

Das ist die Fläche eines Quadratzentimeters ▶ 1 cm²
Ein Fingerabdruck hat ungefähr die Fläche 1 cm².

1 **Bestimme die Größe der Fläche, indem du die cm² zählst!**

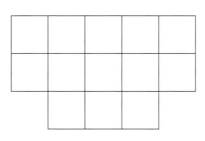 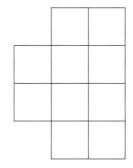 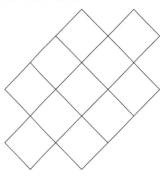

_____ cm²   _____ cm²   _____ cm²

2 **Mit dem Flächenmaß cm² kannst du kleine Flächen auslegen. Wie viele cm² haben diese Flächen? Zeichne ein!**

 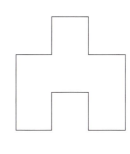

_____ cm²   _____ cm²   _____ cm²

3 **Zeichne ein Rechteck mit einer Länge von 5 cm und einer Breite von 3 cm. Wie viele cm² passen in diese Fläche? Zeichne sie ein!**

_____ cm²

Deine Handfläche hat ungefähr einen Flächeninhalt von einem Quadratdezimeter ▶ 1 dm²

1 Die kurze Bezeichnung für einen Quadratdezimeter ist _____ .

2 1 dm² ist ein Quadrat mit einer Seitenlänge von _____ .

Zähle, wie oft mal dein Fingerabdruck in den dm² passt!
So viele cm² haben dann Platz!

3 In 1 dm² haben _____ cm² Platz.

4 Um wie viel mal ist 1 cm² kleiner als 1 dm²? _____-mal kleiner

5 Es gibt Flächen, die man mit dem Flächenmaß dm² messen kann. Kreuze an!

	ja	nein
Lesebuch		
Briefmarke		
Computerbildschirm		
Papiertaschentuch		
Radiergummi		

> 1 dm² ist genauso groß wie 100 cm².
> 1 dm² = 100 cm²

1 **Wandle in cm² um!**

2 dm² = _____ 4 dm² = _____ 9 dm² = _____

5 dm² = _____ 3 dm² = _____ 10 dm² = _____

2 **Finde das größere Maß!**

500 cm² = _____ 600 cm² = _____ 800 cm² = _____

100 cm² = _____ 1000 cm² = _____ 700 cm² = _____

3 **Was ist größer als 1 dm²? Kreuze an!**

☐ 99 cm²   ☐ 123 cm²   ☐ 1 cm²   ☐ 255 cm²

4 **Ergänze!**

45 cm² + _____ = 1 dm²   1 cm² + _____ = 1 dm²

199 cm² + _____ = 2 dm²   501 cm² + _____ = 6 dm²

5 **Wandle um!**

4 dm² 38 cm² = _____   7 dm² 16 cm² = _____

2 dm² 04 cm² = _____   5 dm² 03 cm² = _____

6 **Finde die einzelnen Maße!**

748 cm² = _____ 324 cm² = _____ 508 cm² = _____

101 cm² = _____ 425 cm² = _____ 620 cm² = _____

7 **Ein Stück Papier darf nur 1 dm² Flächeninhalt haben. Wie viel musst du wegschneiden?**

Stück Papier	1 dm² 45 cm²	190 cm²	101 cm²
cm²			

Mit dem Flächenmaß Quadratmeter misst man die Flächen von Zimmern, Wohnungen, Häusern, Grundstücken, ...

1 Die Fläche von 1 m² ist ein Quadrat mit einer Seitenlänge von

_____.

2 Mit welchem Flächenmaß misst du folgende Flächen? Kreuze an!

	m²	dm²
dein Zimmer		
deine Heftseite		
den Kellerraum		
dein Zeichenblatt		
deine Handfläche		

	m²	dm²
das Klassenzimmer		
deine Wange		
die Sitzfläche des Sessels		
die Wand des Wohnzimmers		
den Turnsaal		

3 Flächen, die man in m² misst, zeichnet man kleiner auf. Das ist eine S___zz_!

4 Das ist die Skizze von 1 m². Bemale dm² wie vorgegeben!

In der ersten Reihe haben _____ dm² Platz!
Es sind _____ Reihen!

1 m² ist genauso groß wie

_____ dm²!

5 Die Schreibunterlage von Hilde ist so groß wie die Hälfte von 1 m².

Die Schreibunterlage hat einen Flächeninhalt von _____.

6 Der Umschlag des Mathematikbuches hat um ungefähr 95 dm² weniger Flächeninhalt als 1 m².

Der Umschlag hat einen Flächeninhalt von _____.

1 **Wandle um!** | $3\ m^2$ sind genauso viel wie $300\ dm^2$.

$3\ m^2 =$ _____ $\qquad$ $9\ m^2 =$ _____ $\qquad$ $8\ m^2 =$ _____

$6\ m^2 =$ _____ $\qquad$ $10\ m^2 =$ _____ $\qquad$ $9\ m^2 =$ _____

2 **Finde das größere Maß!** | $400\ dm^2$ sind genauso viel wie $4\ m^2$.

$700\ dm^2 =$ _____ $\qquad$ $300\ dm^2 =$ _____ $\qquad$ $1\,000\ dm^2 =$ _____

$500\ dm^2 =$ _____ $\qquad$ $100\ dm^2 =$ _____ $\qquad$ $200\ dm^2 =$ _____

3 **Wandle um!** | $1\ m^2\ 6\ dm^2$ ist genauso viel wie $106\ dm^2$, weil $100\ dm^2$ plus $6\ dm^2 = 106\ dm^2$.

$3\ m^2\ 16\ dm^2 =$ _____ $\qquad$ $8\ m^2\ 70\ dm^2 =$ _____

$4\ m^2\ 43\ dm^2 =$ _____ $\qquad$ $1\ m^2\ 98\ dm^2 =$ _____

$10\ m^2\ 29\ dm^2 =$ _____ $\qquad$ $26\ m^2\ 86\ dm^2 =$ _____

$45\ m^2\ 11\ dm^2 =$ _____ $\qquad$ $9\ m^2\ 75\ dm^2 =$ _____

4 **Was ist größer als 2 m²? Kreuze an!**

☐ $123\ dm^2$ $\qquad$ ☐ $99\ dm^2$ $\qquad$ ☐ $189\ dm^2$ $\qquad$ ☐ $201\ dm^2$ $\qquad$ ☐ $341\ dm^2$

5 **Das Badezimmer von Familie Wasinger ist um 21 dm² kleiner als 6 m². Das Badezimmer hat einen Flächeninhalt von**

_____ .

6 **Wie groß ist die Fläche? Kreise ein!**

Bodenbelag im Kinderzimmer	$12\ m^2$	$12\ dm^2$	$12\ cm^2$
Arbeitsplatte auf dem Esstisch	$1\ m^2$	$1\ dm^2$	$1\ cm^2$
Buchseite	$315\ m^2$	$315\ dm^2$	$315\ cm^2$
Tastatur auf dem Handy	$22\ m^2$	$22\ dm^2$	$22\ cm^2$
CD-Hülle	$144\ m^2$	$144\ dm^2$	$144\ cm^2$
ein großes Blatt Papier	$620\ m^2$	$620\ dm^2$	$620\ cm^2$
ein Kalenderblatt	$7\ m^2\ 56\ dm^2$	$7\ dm^2\ 56\ cm^2$	$756\ cm^2$

1   **Der Teppich in Lucis Zimmer ist um 24 dm² größer als 2 m².**

Der Teppich hat einen Flächeninhalt von _____ .

2   **Dein Kopfpolster ist um 37 dm² kleiner als 1 m².**

Der Flächeninhalt deines Kopfpolsters ist _____ .

3   **Setze <, > oder = ein!**

1 m² 46 dm² ◯ 164 dm²   3 m² 4 dm² ◯ 340 dm²

432 dm² ◯ 4 m² 32 dm²   10 m² ◯ 100 dm²

4   **Rita legt zwei kleine Teppiche mit einem Flächeninhalt von je 35 dm² nebeneinander. Ist die Fläche der Teppiche größer oder kleiner als 1 m²? Kreuze an!**

☐ größer   ☐ kleiner

5   **Welche Flächenmaße passen in die Lücken? Kreuze an!**
Leos Zimmer ist 6 ____ 78 ____ groß. Das Zimmer seines Bruders Marc ist um 45 ____ größer. Wie viele m² und dm² hat Marcs Zimmer?

☐ m²   dm²   dm²
☐ dm²   cm²   cm²
☐ m²   m²   m²

6   **Herr Rainer hat einen Arbeitstisch mit einer Fläche von 3 ____ 54 ____ . Er tischlert sich noch eine Arbeitsfläche mit 2 ____ 20 ____ dazu.**

☐ dm²   cm²   dm²   cm²
☐ m²   m²   m²   m²
☐ m²   dm²   m²   dm²

7   **Frau Rosa hat eine Tischplatte mit einer Fläche von 1 ____ 8 ____ . Die Tischdecke ist um 46 ____ größer.**

☐ m²   dm²   m²
☐ m²   m²   dm²
☐ m²   dm²   dm²

Das kleinste Flächenmaß ist der Quadratmillimeter ▶ 1 mm²
Nur mit einer Spitze eines Stiftes kannst du die Fläche von 1 mm²
bemalen.

1 **Bemale und zähle die vielen kleinen Quadratmillimeter mit Farbe!**

   Diese Abkürzung für 1 Quadratmillimeter hat eine Fläche
von _____.

2 **Für genaueres Zeichnen verwendet man das Millimeterpapier.**

Eldin zeichnet auf ein Millimeterpapier 1 cm².

   Im Flächeninhalt eines cm² kann man _____ mm² finden.

3 **Eine Gelse hat auf der Hälfte eines cm² Platz.**
Wie groß ist diese Fläche? _____

4 **Wandle um oder finde die einzelnen Maße!**

3 cm² = _____   5 cm² = _____

_____ = 700 mm²   6 m² = _____

4 cm² 45 mm² = _____   _____ = 907 mm²

9 cm² 80 mm² = _____   10 cm² = _____

_____ = 506 mm²   790 mm² = _____

5 **Was ist größer als 1 cm²? Kreuze an!**

☐ 45 mm²   ☐ 99 mm²   ☐ 101 mm²

6 **Eine Fläche ist 207 mm² groß. Um wie viele mm² ist dieser**
Flächeninhalt größer als 2 cm²? _____

7 **Wie viel fehlt von 7cm² 90 mm² auf 8 cm²?** _____

Die Umwandlungszahl bei den Flächenmaßen ist immer **100**!

$\cdot$ **100**

1 m^2 → **100** dm^2

: **100**

1 dm^2 → **100** cm^2

1 cm^2 → **100** mm^2

---

1 **Wandle um oder finde die einzelnen Maße!**

3 m^2 4 dm^2 = _____

6 dm^2 23 cm^2 = _____

_____ = 800 mm^2

4 m^2 5 dm^2 = _____

450 mm^2 = _____

_____ = 907 mm^2

1 m^2 80 dm^2 = _____

10 m^2 3 dm^2 = _____

_____ = 6 dm^2 21 cm^2

203 cm^2 = _____

---

2 **Ordne die Flächenmaße der Reihe nach!**

mm^2 m^2 dm^2 cm^2

Beginne mit dem größten Flächenmaß! _____

Beginne mit dem kleinsten Flächenmaß! _____

---

3 **Kreuze an!**

	ja	nein
Kann man auf einem Grundstück von 860 m^2 ein Haus bauen?		
Kann Maria auf einer Fläche von 1 cm^2 stehen?		
Kann Wilfried auf einer Fläche von 1 dm^2 etwas zeichnen?		
Kann die Mutter aus 1 mm^2 Teig ein Keks backen?		
Kann der Vater ein Bild mit 1 m^2 Flächeninhalt aufhängen?		

Der Begriff Fläche wird mit A abgekürzt.
Um die Größe einer Fläche zu berechnen, legst du die Fläche mit dem passenden Flächenmaß aus.

1 **Wie groß ist die Fläche dieses Rechtecks?**

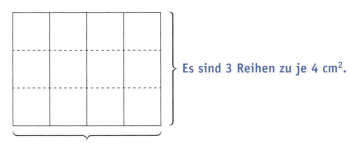

Es sind 3 Reihen zu je 4 cm².

In der ersten Reihe sind 4 cm².

$$\frac{4\ cm^2 \cdot 3}{\underline{\quad\quad}} \ cm^2 \qquad A = \underline{\quad\quad} \ cm^2$$

2 **Wie groß ist die Fläche dieses Quadrats?**

Es sind 2 Reihen zu je 2 cm².

In der ersten Reihe sind 2 cm².

$$\frac{\quad\cdot\quad}{\underline{\quad\quad}} \ cm^2 \qquad A = \underline{\quad\quad} \ cm^2$$

3 **Berechne den Flächeninhalt eines Rechteckes, das 44 cm lang und 38 cm breit ist.**

1 Berechne den Flächeninhalt des Quadrats mit der Seitenlänge von 34 dm.

2 In einem Wohnzimmer wird ein neuer Boden verlegt. Das Zimmer ist 6 m lang und 5 m breit. Wie viel m² Bodenbelag werden benötigt?

3 Ein Grundstück ist 1 200 m² groß. Darauf wird ein Haus gebaut, das 16 m lang und 13 m breit ist. Wie viel m² bleiben für die Rasenfläche übrig?

4 Das ist die Skizze einer Wohnküche. Berechne die Fläche! Wandle in das kleinere Maß um!

2 m 4 dm

4 m 7 dm

1 Welche Bauparzelle ist größer?

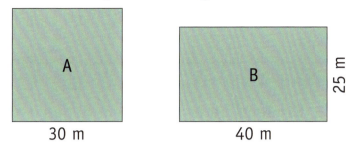

2 Beide Räume bekommen einen neuen Bodenbelag! Berechne!

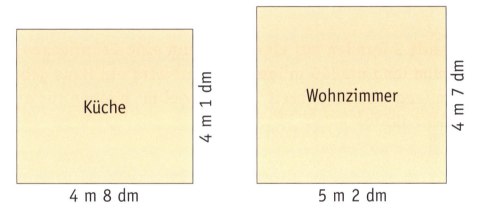

3 Eine Wand soll frisch bemalt werden.
Für die Tür musst du 2 m²
und für das Fenster 1 m² Fläche abziehen.
Wie viele m² und dm² kannst du bemalen?

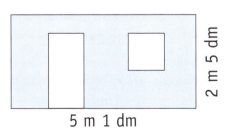

Der Umfang ist der Rand einer Fläche!
Auf einer Fläche kann man einen Boden verlegen, kann man tanzen, kann man ein Haus bauen, ...

1 **Familie Gärtner legt das Kinderzimmer mit einem neuen Parkettboden aus. Das Zimmer ist 4 m lang und 3 m 80 cm breit.**

Was musst du berechnen? Kreuze an!
☐ Umfang ☐ Fläche

2 **Der Garten von Frau Spitzer wird eingezäunt. Er ist 10 m lang und 8 m breit.**

Was musst du berechnen? Kreuze an!
☐ Umfang ☐ Fläche

3 **Marina läuft 3 Runden auf einem Weg um eine Grünfläche. Sie ist 23 m lang und 15 m breit.**

Was musst du berechnen? Kreuze an!
☐ Umfang ☐ Fläche

4 **Ein Schreibtisch ist 1 m 80 cm lang und 80 cm breit. Wie viel Arbeitsfläche bietet der Schreibtisch?**

Was musst du berechnen? Kreuze an!
☐ Umfang ☐ Fläche

5 **Durch den Grund eines Landwirtes wird eine 4 m breite Straße gebaut. Das Grundstück ist 180 m lang und 120 m breit. Für die Straße muss er 480 m² abtreten. Wie groß ist das verbleibende Grundstück?**

Was musst du berechnen? Kreuze an!
☐ Umfang ☐ Fläche

6 **Die Mutter umhäkelt ein Stofftaschentuch mit einer Seitenlänge von 15 cm.**

Was musst du berechnen? Kreuze an!
☐ Umfang ☐ Fläche

1   Aus wie vielen Würfeln und Quadern
bestehen diese Figuren?

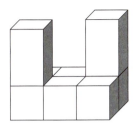  

_____ Würfel   _____ Würfel   _____ Würfel

_____ Quader   _____ Quader   _____ Quader

2   Suche parallele Geraden und ziehe sie mit einem roten Farbstift
nach!

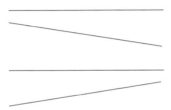 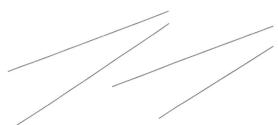

3   Finde die einzelnen Maße!

586 dm^2 = _____ 290 cm^2 = _____ $4\,020 \text{ cm}^2$ = _____

$2\,039 \text{ mm}^2$ = _____ 704 dm^2 = _____ 360 mm^2 = _____

4   Hundert mal größer als 1 dm^2 ist _____.

5   Hundert mal kleiner als 1 cm^2 ist _____.

6   Ein Grundstück ist 988 _____ groß.

7   Der Fingerabdruck ist rund _____ groß.

8   Die Handfläche ist rund _____ groß.

9   Ein Punkt mit dem Filzstift ist rund _____ groß.

Kontrolliere die Lösungen! Denk an deine Belohnungssterne auf Seite 5!

Im Möbelhaus kannst du auch Parkettböden bestellen!

Parkett Nuss	Parkett Buche	Parkett Eiche	Parkett Esche	Parkett Ahorn
57 €/m²	26,90 €/m²	59 €/m²	47,90 €/m²	34,90 €/m²

1   Michaels Kinderzimmer ist 3 m 5 dm lang und 3 m 2 dm breit.
Es muss mit einem Verschnitt von 80 dm² gerechnet werden.
Er entscheidet sich für den Parkettboden in Ahorn.

2   Im Schlafzimmer (A = 19 m²) wird der billigste Parkettboden verlegt.

3   In das Arbeitszimmer (l = 3 m, b = 2 m) kommt der Parkettboden in Esche.

4   Schreibe eine Rechengeschichte mit dem teuersten Parkettboden!

5   Welcher Parkettboden kostet um 2 € weniger als der teuerste?

1 Ein quadratisches Tischtuch mit einer Seitenlänge von 85 cm wird mit einer Borte eingefasst. Wie viel m Borte braucht Frau Schneider, wenn sie für jede Ecke noch zusätzlich 8 cm dazurechnet?

2 Kreuze an, was du berechnest!

	Fläche	Umfang
Ein Tiergehege wird eingezäunt.		
Die Dachfläche eines Hauses wird gedeckt.		
Der Vorplatz eines Hauses wird gepflastert.		
Eine große Werbetafel wird beklebt.		
Ein Bild wird eingerahmt.		
Kerstin läuft eine Runde um den Häuserblock.		

3 Zeichne das Rechteck mit der Länge von 7 cm 5 mm und der Breite von 2 cm 5 mm und berechne dessen Flächeninhalt!

4 Welchen Flächeninhalt hat dieser Tisch: l = 125 cm, b = 80 cm. Kreuze an!

☐ 1 m^2 ☐ 1 dm^2 ☐ 1 cm^2

5 Eine Baugrube (l = 6 m, b = 5 m) wird mit einem Absperrband gesichert. Welche Lösungszahl stimmt? Kreuze an!

☐ 60 m   ☐ 60 m^2 ☐ 22 m   ☐ 22 m^2

Große Flächen legt man mit Ar aus.
Das sind Flächen wie ein Fußballplatz, ein Feld, ein Grundstück, …
1 Ar ▶ 1 a

1 **Das ist die Skizze von 1 a.**

In der 1. Reihe sind _____ m². Es sind _____ Reihen.

1 a hat _____ m².

2 **Kreuze an:**

1 a ist ein Quadrat mit einer Seitenlänge von
☐ 1 m   ☐ 1 dm   ☐ 1 cm   ☐ 10 m   ☐ 1 mm

3 **Kreuze an:**

	ja	nein
Passt 1 a in einen Turnsaal?		
Kann eine Schultafel einen Flächeninhalt von 1 a haben?		
Ist eine Fußmatte kleiner als 1 a?		
Ist der Fußboden in einem Lift so groß wie 1 a?		

100 m² ► 1 a   1 a ► 100 m²

1 **Wandle um oder finde die einzelnen Maße!**

100 m² = _____   6 a = _____   400 m² = _____

_____ = 3 a   900 m² = _____   _____ = 800 m²

2 **Wandle um oder finde die einzelnen Maße!**

1 a 24 m² = _____   2 a 5 m² = _____

546 m² = _____   _____ = 3 a 99 m²

_____ = 4 a 9 m²   607 m² = _____

3 **In welchen Angaben findest du 1 a? Kreuze an!**

☐ 56 m²   ☐ 101 m²   ☐ 99 m²   ☐ 165 m²   ☐ 199 m²

4 **Auf einem Spielplatz soll der Flächeninhalt einer großen Sandkiste mit vier gleich langen Seiten 1 a betragen. Kreuze an!**

Welche Form hat die Sandkiste?   ☐ Rechteck   ☐ Quadrat
Wie lang ist die Seitenlänge?   ☐ 1 m   ☐ 100 m   ☐ 10 m

5 **Ergänze!**

87 m² + _____ = 1 a	5 a + _____ m² = 6 a	2 a – _____ = 1 a 49 m²
1 a – _____ = 1 m²	3 a – 1 a 1 m² = _____	99 m² + _____ = 2 a
6 m² + 2 a 13 m² = _____	8 a + _____ = 8 a 16 m²	3 a – _____ = 2 a 1 m²
1 a + _____ m² = 100 m²	10 a – _____ = 8 a 90 m²	300 m² + 2 a = _____ a

6 **Schreibe den Flächeninhalt auf, der um 32 m² kleiner ist als 1 a!**

_____

7 **Schreibe den Flächeninhalt auf, der um 4 m² größer ist als 1 a!**

_____

8 **Die Hälfte der Fläche von 1 a ist** _____.

9 **Paulas Garten ist um 2 m² kleiner als ein halbes Ar. Paulas Garten hat einen Flächeninhalt von** _____.

Das ist eine Skizze von
Familie Maurers Grundstück.

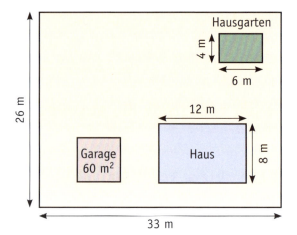

1 Wie viele a und m² ist der Flächeninhalt des gesamten Grundstücks!

2 Wie groß ist die Fläche des Hausgartens?

3 Herr Maurer legt auf dem Rest des Grundstückes einen Rasen an.
Wie viele a und m² muss er mähen?

4 Wie viele a und m² muss Familie Maurer dazukaufen, damit ihr
Grundstück 10 a groß ist?

Der Flächeninhalt von Wiesen, Feldern und Wäldern wird mit dem großen Flächenmaß Hektar angegeben.

1 Hektar hat 100 Ar ► 1 ha = 100 a
100 a = 1 ha

1 **Das ist die Skizze von 1 ha.**

In der 1. Reihe sind _____ a. Es sind _____ Reihen. 1 ha hat _____ a.

2 **1 a ist ein Quadrat mit einer Seitenlänge von 10 m.**
1 ha ist ein Quadrat mit einer Seitenlänge von _____ m.

3 **Wie groß ist diese Fläche? Kreise ein!**

Tennisplatz	260 ha	260 a	260 m²
Flughafen in Berlin	3 ha 96 a	3 a 96 m²	3 m² 96 dm²
Tischtennistisch	4 ha 16 a	4 a 16 m²	4 m² 16 dm²
Fläche des Tiergartens in Schönbrunn	12 ha	12 a	12 m²
5-Euro-Banknote	74 m² 40 dm²	74 dm² 40 cm²	74 cm² 40 mm²

1 **Ergänze!**

Wie viel Flächeninhalt fehlt von 499 a auf 5 ha? _____

Ein Feld ist um 20 a kleiner als 15 ha. Es hat eine Fläche von _____.

Was ist größer: 4 ha 6 a oder 460 a? _____

530 a   5 ha 3 a   3 ha 50 a   Schreibe die kleinste Fläche auf! _____

Um wievielmal ist 1 ha größer als 1 a? _____ -mal

2 **Kreuze nur die richtigen Aussagen an!**

☐ Dein Klassenzimmer ist 1 ha groß.
☐ Das Kartoffelfeld ist 6 ha groß.
☐ Ein Reh lebt in einem 5 ha großen Wald.
☐ Der Bildschirm deines Fernsehers ist 1 ha groß.
☐ Das Getreide wächst auf einem 4 ha 56 a großen Feld.

3 **Ein Bauer baut auf einer Fläche von 8 ha Kartoffeln an. Das sind** _____ **a.**

4 **Eine Halle für große Ausstellungen hat insgesamt einen Flächeninhalt von 122 a. Das sind** ____ **ha und** ____ **a.**

5 **Ein Waldbauer kauft zu seinem 9 ha großen Waldstück noch 330 a dazu. Wie viele ha und a misst nun sein gesamter Waldbesitz?**

_____

6 **Der Schönbrunner Tiergarten ist 1 700 a groß. Das sind** _____ **ha.**

7 **Der Pichlinger See bei Linz hat eine Wasserfläche von 3 100 a. Das sind** _____ **ha.**

8 **Ein Schwimmbecken hat 1 250 m². Ist das größer oder kleiner als 1 ha? Das ist** _____.

9 **Hektar ist ein Flächenmaß für** _____,
_____ **und** _____.

Lies aus den Bildern die Informationen heraus, die du zum Rechnen brauchst.

1 Willi Turner hat Wiesen mit einem Flächeninhalt von _____ .
Er kauft von seinem Nachbarn noch _____ dazu.

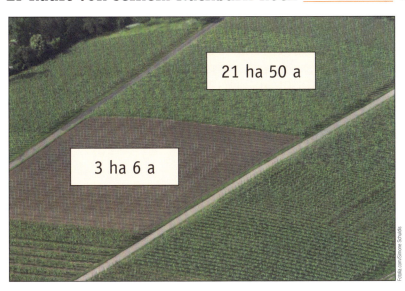

2 Hier gibt es noch _____ Baugründe zu kaufen. Familie Stradner kauft
das größte mit _____ . Für 1 m² muss sie _____ bezahlen.

Das größte Flächenmaß ist der Quadratkilometer. ▶ 1 km²
Der Flächeninhalt von Gemeinden, Städten, Ländern, Kontinenten,
Weltmeeren usw. wird mit km² angegeben.

1 1 km² ist ein Flächenmaß und hat die Form eines Quadrates.
Dieses Quadrat hat eine Seitenlänge von 1 km, also _____ m.

2 **Kreuze an:**

Österreich hat eine Fläche von
☐ 1 km²   ☐ 100 km²   ☐ 83 871 km²

3 **Runde den Flächeninhalt von Österreich!** _____

4 **Das ist die Skizze von 1 km².**

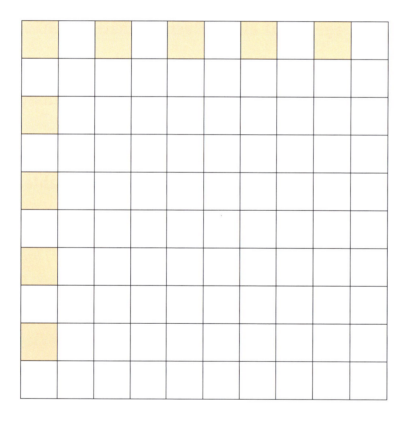

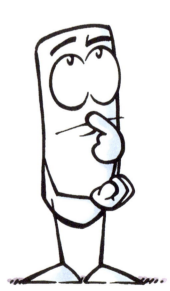

Wie oft mal passt 1 ha in 1 km²? _____-mal

1 km² = _____ ha

_____ ha = _____ km²

5 **Die Gemeinde Turtl ist 2 702 ha groß. Das sind _____ km² _____ ha.**

1

Landeshauptstadt	Größe in ha	Finde die einzelnen Maße!
Wien	41465 ha	
Graz	12758 ha	
Salzburg	6568 ha	
Innsbruck	10491 ha	
Linz	9605 ha	
Klagenfurt	12011 ha	
St. Pölten	10852 ha	
Bregenz	2951 ha	
Eisenstadt	4291 ha	

2 Welche Landeshauptstadt hat ungefähr 120 km^2? _____

3 Welche Landeshauptstadt hat die kleinste Fläche? _____

4 Wie viele ha fehlt Bregenz auf einen Flächeninhalt von 30 km^2?

_____

5 Nenne die Landeshauptstadt mit dem größten Flächeninhalt!

_____

6 Der Flächeninhalt von Ländern wird nur in km^2 angegeben.

a. Deutschland ist um 92 km^2 größer als 357000 km^2.
   Deutschland ist _____ groß.

b. Frankreich ist um 35 km^2 kleiner als 544000 km^2.
   Frankreich ist _____ groß.

c. Die Schweiz ist 41000 km^2 plus 285 km^2 groß.
   Die Schweiz ist _____ groß.

7 Italien hat einen Flächeninhalt von 301268 km^2, die Größe von Österreich ist 83871 km^2. Berechne den Unterschied!

Wenn du den Flächeninhalt eines Rechtecks kennst und dazu noch die Länge, so musst du umgekehrt rechnen, also den Flächeninhalt durch die Länge dividieren!

1 Von einem Rechteck sind die Länge (l = 18 m) und der Flächeninhalt (A = 234 m²) bekannt. Wie groß ist die Breite?

2 Zwei Rechtecke haben denselben Flächeninhalt A = 24 cm². Ihre Längen betragen 8 cm und 6 cm. Berechne jeweils die Breite jedes Rechtecks!

3 Ein Rechteck hat den Flächeninhalt A = 36 cm². Wie viel cm lang und wie viel cm breit könnte es sein? Berechne auch den Umfang!

4 A = 75 cm²
l = 15 cm
b = ?

1 Ein Wohnzimmer ist 7 m lang und 5 m breit. Für dieses Zimmer wird ein großer Teppich gekauft. Der Abstand zu den Wänden soll überall einen Meter betragen. Wie lang und wie breit ist der Teppich? Kreuze an!

☐ Der Teppich ist 6 m lang und 4 m breit.
☐ Der Teppich ist 5 m lang und 3 m breit.
☐ Der Teppich ist 7 m lang und 5 m breit.

2 Der Quadratmeter eines Teppichs (l = 4 m, b = 3 m) kostet 35 €. Die Ränder werden mit einem Band eingesäumt, das pro Meter 3 € kostet. Was musst du ausrechnen? Kreuze an!

☐ Ich muss den Flächeninhalt und den Umfang des Teppichs ausrechnen.
☐ Ich muss den Flächeninhalt des Teppichs ausrechnen.
☐ Ich muss den Umfang des Teppichs ausrechnen.

3 Ein Ar ist ein Quadrat, dessen Seitenlänge 10 m beträgt.

☐ ja   ☐ nein

4 Ein Hektar ist größer als ein Quadratkilometer.

☐ ja   ☐ nein

5 Wie heißt die Abkürzung für Fläche? Kreuze an!

☐ u   ☐ A   ☐ Ä   ☐ F

6 Wie heißt die Umwandlungszahl für alle Flächenmaße? Kreuze an!

☐ 10   ☐ 100   ☐ 1000   ☐ 60

7 Haben Rechtecke, die den gleichen Umfang haben, auch immer den gleichen Flächeninhalt?

☐ ja   ☐ nein

8 Ein Quadratmeter ist die Fläche eines Quadrates mit 1 m Seitenlänge. Stimmt das?

☐ ja   ☐ nein

Grundstücke können auch aus zwei kleineren rechteckigen oder quadratischen **Teilflächen zusammengesetzt** sein.
Um die **Gesamtfläche** zu berechnen, musst du den **Flächeninhalt der Teilflächen addieren**.

1 **Berechne den Flächeninhalt des Grundstückes!**

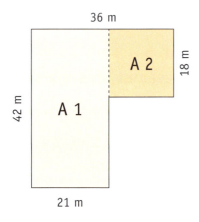

2 **Berechne die Gesamtfläche!**

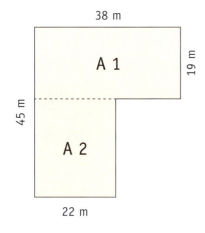

1 Berechne den Preis des Grundstückes, wenn 1 m² 25 € kostet.

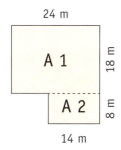

2 Berechne die Gesamtfläche! Achtung: Die untere Länge fehlt!
Du kannst sie aber berechnen, weil sie sich aus den oberen zwei
Strecken zusammensetzt!

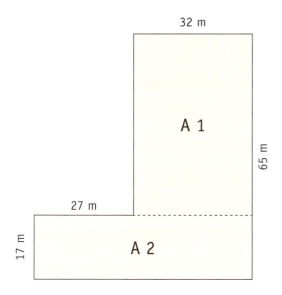

3 Bei einer zusammengesetzten Fläche fehlt eine Längenangabe. Wie
kannst du sie berechnen? Kreuze an!

☐ Ich schaue mir alle Längen an und subtrahiere von der größeren Länge
die kleinere Länge.

☐ Ich schaue mir alle Breiten an und subtrahiere von der größeren Breite
die kleinere Breite.

Die Umwandlungszahl bei den Zeitmaßen ist **60**!

1 **Wie spät ist es? Gib beide möglichen Zeitangaben an!**

_____   _____   _____   _____

_____   _____   _____   _____

2 **Ein Wecker zeigt die Uhrzeit digital an. Trage die Uhrzeit jeweils in den Uhren ein!**

  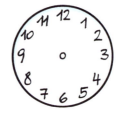 

3 **Auf der Stoppuhr ist die Hälfte einer Minute vergangen. Das sind**

_____ .

4 **Von einer Minute sind schon 10 s vergangen. Wie viele Sekunden fehlen noch?** _____

5 **Sind 100 s mehr als 1 min?** ☐ ja   ☐ nein

6 **Die beiden Spielhälften eines Fußballspiels dauern 90 min. Um wie viele Minuten spielen die Fußballer länger als 1 h? Die Fußballspieler spielen um _____ länger.**

116

09.30 Uhr ist ein Zeitpunkt.   •

4 Stunden ► 4 h ist eine Zeitdauer.   ——————

1 **Kennzeichne die Zeitpunkte mit einem Punkt und die Zeitdauer mit einem Strich!**

Christa steht um 06.00 Uhr auf.	
Didi sitzt von 16.40 Uhr bis 17.20 Uhr vor dem Fernseher.	
Die Turmuhr zeigt 11.34 Uhr an.	
Um 07.15 Uhr läutet der Wecker.	
Der Zug kommt um 18.19 Uhr am Bahnhof Lind an.	
Der Zug fährt 4 Stunden lang.	
Lili wartet 15 min auf den Bus.	
Der Schifahrer benötigt für den Abfahrtslauf 1 min 25 s.	

2 **Tilo spielt von 15.30 Uhr bis 17.00 Uhr Tennis. Berechne die Zeitdauer!**

3 **Der Kuchen wird von der Mutter um 10.45 Uhr in den Backofen geschoben und um 11.50 Uhr wieder herausgenommen. Wie lange wurde der Kuchen gebacken?**

4 **Die Sonne geht am 21. März um 06.00 Uhr auf und um 18.00 Uhr unter. Wie lange ist die Sonne zu sehen?**

Auf einem Bahnhof fahren viele Züge und Busse ab!

1 **Der Schnellzug von Linz nach Wien:**

2 h 10 min

Abfahrt: 15.41 Uhr   Ankunft: _____ Uhr

2 **Die Bahnfahrt von Wien nach Paris:**

12 h 49 min

Abfahrt: 23.45 Uhr   Ankunft: _____ Uhr

3 **Der Schnellzug von Innsbruck nach Salzburg:**

1 h 59 min

Abfahrt: 21.30 Uhr   Ankunft: _____ Uhr

4 **Die Busfahrt von Klagenfurt nach Graz:**

2 h 05 min

Abfahrt: 06.30 Uhr   Ankunft: _____ Uhr

Hier siehst du einen Schiffsfahrplan:

jeden Dienstag und Samstag	Schiffsfahrplan			jeden Dienstag	Preise:
09:00	ab	Linz	an	17:20	21,50 € für Hin- und Rückfahrt
10:20		Mauthausen	↑	15:40	
10:30	↓	Au a. d. Donau		15:25	17 € für
12:00	an	Grein	ab	13:30	einfache Fahrt

1 Felix und Anna wohnen in Linz. Sie möchten eine Schiffsfahrt nach Grein machen. An welchen Tagen ist das möglich?

_____

2 Wie lange sind Felix und Anna von Linz nach Grein unterwegs?

_____

3 In Grein gehen die beiden Mittagessen. Wie lange haben sie dafür Zeit? _____

4 Wann können Felix und Anna von Grein nach Linz zurückfahren?

_____

5 Wie lange dauert die Rückfahrt von Grein nach Linz?

_____

6 Wie viel bezahlen die beiden für diese Schiffsreise?

7 An welchem Wochentag waren Felix und Anna unterwegs?

_____

**In einem Einkaufszentrum gibt es verschiedene Geschäfte.
Hier siehst du die Öffnungszeiten einiger Geschäfte.**

APOTHEKE	
Montag bis Freitag	08.00 – 19.00 Uhr
Samstag	08.00 – 17.00 Uhr
MCDONALD'S	
Montag bis Donnerstag	09.00 – 19.30 Uhr
Freitag	09.00 – 21.00 Uhr
Samstag	09.00 – 18.00 Uhr
INTERSPAR MARKT	
Montag bis Donnerstag	08.00 – 19.30 Uhr
Freitag	08.00 – 21.00 Uhr
Samstag	08.00 – 18.00 Uhr
POST	
Montag bis Freitag	09.00 – 19.30 Uhr
Samstag	09.00 – 18.00 Uhr

1 Wie lange hat die Post am Samstag geöffnet?

2 Es ist Samstag. Frau Huber braucht noch Kopfwehtabletten. Sie steigt um 17.15 Uhr aus dem Bus und rast ins Einkaufszentrum. Bekommt sie noch ihre Tabletten?
☐ ja
☐ nein

3 Heute ist Freitag. Die Verkäuferin im Sparmarkt jammert: „Heute habe ich den ganzen Tag Dienst. Gott sei Dank bleiben mir zwei Stunden Mittagspause." Wie lange muss die Verkäuferin arbeiten?

4 „Ich muss heute am Samstag noch einen Brief aufgeben", meint Silke. Es ist aber schon 17.58 Uhr.

Ist das möglich? ☐ ja ☐ nein

5 Paula und Jan möchten bei McDonald's frühstücken. Sie sind bald aufgestanden und stehen vor verschlossenen Türen. Wie spät kann es sein?

☐ 9.55 Uhr ☐ 7.55 Uhr ☐ 9.45 Uhr

1 Ein Rechteck ist 15 m lang. Der Flächeninhalt beträgt 120 m². Wie groß ist die Breite?

2 Ein Weinbauer hat zwei Weingärten. Der erste ist 31 m lang und 23 m breit und der zweite 33 m lang und 23 m breit. Sie grenzen aneinander. Er zäunt sie ein. Wie viel m Zaun braucht er? Zeichne eine Skizze!

3 Die Sonne geht um 7:58 Uhr auf und um 17:15 Uhr unter. Was kannst du ausrechnen? Kreuze an!

☐ Ich kann ausrechnen, wie lange der Mond scheint.

☐ Ich kann ausrechnen, wie lange die Sonne scheint.

☐ Ich kann ausrechnen, wie lange der Nachmittag dauert.

4 Ein Flugzeug landet mit eineinhalb Stunden Verspätung um 11:30 Uhr. Wann wäre die planmäßige Ankunftszeit gewesen?
Es hätte um _____ landen sollen.

5 Der Sieger im Langstreckenlauf benötigte 2:43:25. Was heißt das? Kreuze an!

☐ 2 h 43 min 25 s   ☐ 2 km 43 m 25 cm   ☐ 2 Tage 43 h 25 min

6 Ein Autofahrer parkt sein Auto um 13.48 Uhr am Stadtplatz. Nach einer halben Stunde verlässt er den Parkplatz.
Es ist dann _____.

Kontrolliere die Lösungen! Denk an deine Belohnungssterne auf Seite 5!

 **Symmetrische Figuren** haben eine Symmetrieachse. Sie sind spiegelbildlich gleich.
Beim Falten an der **Symmetrieachse** sind die beiden Flächen deckungsgleich.

1 **Flugzeuge sind symmetrisch. Ergänze!**

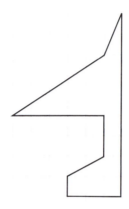

2 **Wie viele Symmetrieachsen hat ein Quadrat? Zeichne sie ein!**

Ein Quadrat hat _____ Symmetrieachsen.

3 **Zeichne die Symmetrieachsen ein!**

4 **Welche Figuren sind nicht symmetrisch? Kreuze an!**

☐ ☐ ☐ ☐

1 Ergänze zu symmetrischen Figuren!

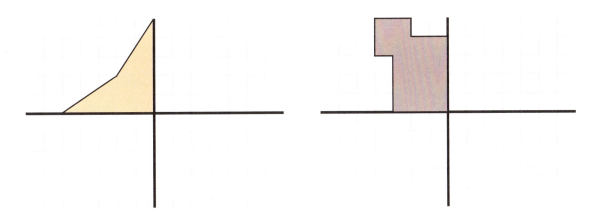

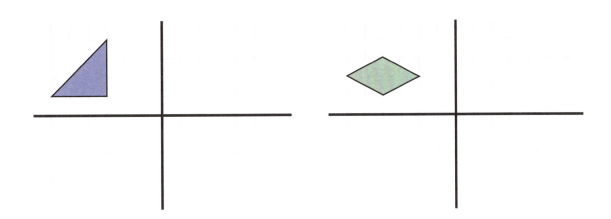

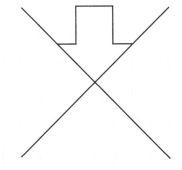

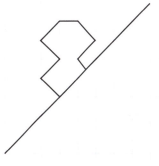

Schaubilder sind Zeichen für Zahlen. Aus ihnen kannst du herauslesen, für welchen Wert die Bilder stehen.

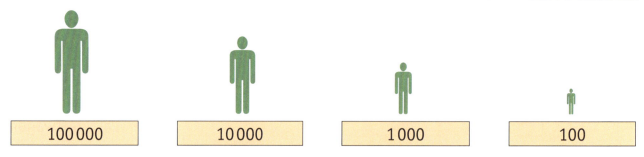

| 100 000 | 10 000 | 1 000 | 100 |

Das sind Schaubilder, die dir die Einwohnerzahl der Landeshauptstädte Österreichs zeigen. Lies ab und schreibe die jeweilige Einwohnerzahl auf!

1 Das ist die Einwohnerzahl von Linz. Linz hat _____ Einwohner.

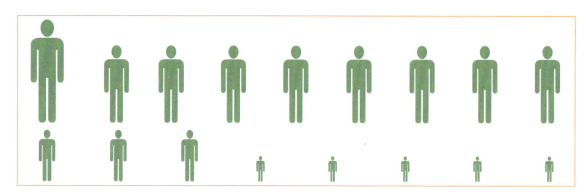

2 Das ist die Einwohnerzahl von Bregenz. Bregenz hat _____ Einwohner.

3 St. Pölten hat rund 49 100 Einwohner. Stelle die Einwohnerzahl dar!

1 Drei Freunde stehen auf dem Balkon und zählen die Fahrzeuge, die innerhalb von 30 min vorbeifahren. Lies aus der Tabelle ab, wie viele das waren!

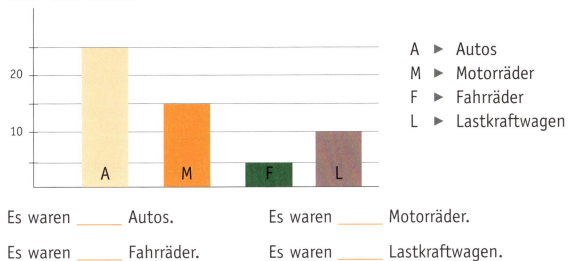

A ▶ Autos
M ▶ Motorräder
F ▶ Fahrräder
L ▶ Lastkraftwagen

Es waren _____ Autos.   Es waren _____ Motorräder.

Es waren _____ Fahrräder.   Es waren _____ Lastkraftwagen.

2 Auf einem Parkplatz stehen Autos verschiedener Automarken. Lies aus der Tabelle ab, welche und wie viele es sind!

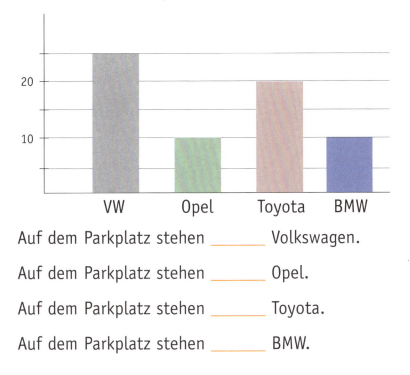

Auf dem Parkplatz stehen _____ Volkswagen.

Auf dem Parkplatz stehen _____ Opel.

Auf dem Parkplatz stehen _____ Toyota.

Auf dem Parkplatz stehen _____ BMW.

3 Die Marktleiterin eines Supermarktes trägt die Tagesumsätze ein.

Am Montag waren es _____ Euro. Am Dienstag waren es _____ Euro.

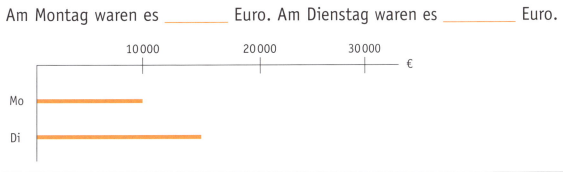

1 **Der höchste Berg der Welt ist der Mount Everest. Weißt du, wie hoch er ist?**

3 000 + 3 000 + 3 000 – 100 – 52 = _____

Der Mount Everest ist _____ m hoch.

2 **Ein Schifahrer kann bei einem Abfahrtslauf 7 · 7 + 1 = _____ Meter weit springen.**

Das sind _____ m.

3 **Weißt du, wie viel Gewicht ein Blauwal haben kann?**

100 000 + 85 000 = _____

Das Gewicht eines Blauwals kann _____ kg sein.

4 **Lini und Bastian haben einen Hund. Die Rasse heißt Chihuahua. Die Hunde dieser Rasse gehören zu den leichtesten Hunden.**

Linis und Bastians Hund ist 1500 g schwer.
Ist das schwerer als 2 kg oder leichter?

Das ist _____ als 2 kg.

5 **Selma springt 80 cm hoch. Ein Delfin nimmt sich im Wasser einen langen Anlauf und kann um 6 m 20 cm höher springen.**

Der Delfin springt _____ hoch.

| $\frac{1}{4}$ | $\frac{1}{4}$ | **3** Die Anzahl der Teile ▶ Zähler |
| $\frac{1}{4}$ | | **4** Die Anzahl der Teile ▶ Nenner |

Bruchstrich

1 **Ein Ganzes wird in Bruchteile geteilt. Kreuze an!**

Die Bruchteile können heißen:

☐ Achtel ☐ Halbe ☐ Maltel

☐ Viertel ☐ Plustel ☐ Strichtel

2 **Bemale die angegebenen Bruchteile!**

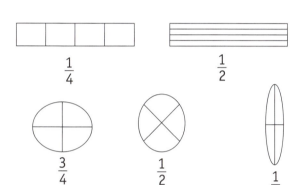

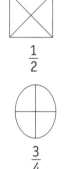

3 **Bemale die angegebenen Bruchteile!**

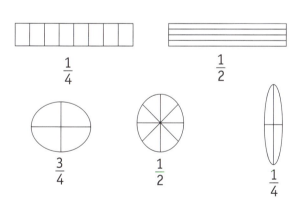
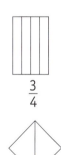

4 **Bemale!**

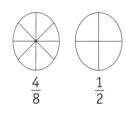
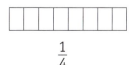
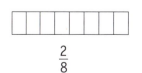

Sind die bemalten Bruchteile gleich groß? ☐ ja ☐ nein

1 **Vergleiche die Bruchteile! Setze <, > oder = ein!**

$\frac{2}{8}$ ◯ $\frac{1}{4}$ $\frac{2}{4}$ ◯ $\frac{1}{2}$ $\frac{2}{2}$ ◯ 1

$\frac{3}{8}$ ◯ $\frac{1}{4}$ $\frac{3}{4}$ ◯ $\frac{1}{2}$ $\frac{8}{8}$ ◯ $\frac{4}{4}$

$\frac{7}{8}$ ◯ $\frac{3}{4}$ 1 ◯ $\frac{4}{4}$ $\frac{6}{8}$ ◯ $\frac{3}{4}$

2 **Wandle die Bruchteile um!**

$\frac{2}{4}$ = $\frac{}{2}$ $\frac{3}{4}$ = $\frac{}{8}$ 1 = $\frac{8}{}$

$\frac{1}{2}$ = $\frac{}{8}$ $\frac{4}{}$ = $\frac{1}{2}$ $\frac{}{8}$ = $\frac{1}{4}$

3 **Antonia teilt mit ihrem Bruder eine Tafel Schokolade. Kreuze die gerechten Teilungen an!**

☐   ☐   ☐   ☐

4 **Bei einer Geburtstagsfeier wird die Hälfte der Torte gegessen. Am nächsten Tag wird die Hälfte vom Rest gegessen. Welcher Bruchteil bleibt übrig?**

Es bleibt _____ von der Geburtstagstorte übrig.

5 **Die Mutter teilt eine halbe Semmel noch einmal. Sie erhält dann**

_____ .

6 **In einem Karton stehen 8 Dosen Limo. Für die Jause werden folgende Bruchteile weggenommen und getrunken.**

Am Montag wird die Hälfte getrunken.   Das sind _____ Dosen.

Am Dienstag wird wieder die Hälfte getrunken.   Das sind _____ Dosen.

Am Mittwoch wird wieder die Hälfte getrunken.   Das ist _____ Dose.

1 Max zeichnet eine Strecke von 8 cm. Moritz zeichnet die Hälfte der Strecke. Das sind _____.

2 Miss die Strecke ab und teile sie in Achtel ein!

├───┤

Wie lang ist ein Achtel? _____

3 Familie Glück hat beim Toto 4000 € gewonnen. Ein Viertel des Gewinns verwendet die Familie für einen schönen Urlaub in den Bergen.

Das sind _____.

4 Der Weg zur Arbeit ist für Frau Weit 8 km lang. Genau bei $\frac{3}{4}$ der Strecke ist eine Bäckerei. Dort kauft sie ihre Jause ein. Die Bäckerei ist nach _____.

5 In einer Bäckerei wurden 464 Semmeln gebacken. Um 17 Uhr sind $\frac{7}{8}$ verkauft.

6 Ein Grundstück ist 680 m² groß. Auf $\frac{2}{8}$ des gesamten Grundstücks steht das Haus.

a. Wie viele m² hat das Haus?
b. Wie viele m² sind nicht verbaut?

Du musst die Umwandlungszahlen der Maße kennen!

Bei Längenmaßen:	1000	1000	1000
Bei Gewichtsmaßen:	1000	100	100
Bei Flächenmaßen:	100		
Bei Uhrzeiten:	60		

1 Längenmaße! Wandle um oder gib die Bruchteile an!

$\frac{1}{2}$ m = _____ cm $\frac{1}{2}$ m = _____ mm $\frac{1}{2}$ m = _____ dm

$\frac{1}{4}$ m = _____ mm   _____ m = 25 cm $\frac{1}{8}$ km = _____ m

$\frac{1}{4}$ km = _____ m $\frac{1}{4}$ m = _____ cm   _____ km = 750 m

$\frac{3}{4}$ m = _____ cm $\frac{3}{4}$ m = _____ mm $\frac{1}{2}$ km = _____ m

2 Gewichtsmaße! Wandle um oder gib die Bruchteile an!

$\frac{1}{2}$ dag = _____ g $\frac{1}{2}$ kg = _____ dag $\frac{1}{2}$ kg = _____ g

$\frac{1}{4}$ t = _____ kg   _____ kg = 250 g $\frac{1}{4}$ kg = _____ dag

_____ t = 500 kg $\frac{3}{4}$ t = _____ kg $\frac{3}{4}$ kg = _____ g

3 Zeitmaße! Wandle um oder gib die Bruchteile an!

$\frac{1}{4}$ h = _____ min   _____ T = 12 h $\frac{1}{2}$ h = _____ min

_____ h = 45 min $\frac{1}{4}$ J = _____ M $\frac{1}{2}$ J = _____ M

4 Ein Fußballspiel dauert mit der Pause 1 $\frac{3}{4}$ h. Das sind _____ min.

5 Mama kauft beim Fleischer $\frac{3}{4}$ kg Rindfleisch. Das sind _____ dag.

6 Britta geht 1 $\frac{1}{2}$ km zur Schule. Sie geht _____ m.

7 Baby Betty ist 6 Monate alt. Das ist _____ Jahr.

1 Tante Olga bäckt einen Germgugelhupf. Dafür muss sie $\frac{1}{2}$ kg Mehl abwiegen. Auf der Küchenwaage steht:

2 Die Lehrerin hat 24 Schüler und Schülerinnen. Sie sammelt für den Besuch im Hallenbad 2 € ein. $\frac{3}{4}$ aller Kinder haben schon bezahlt. Das sind _____ Kinder.

3 Bei einem Fußballspiel sind 1 240 Besucher. $\frac{3}{8}$ davon sind Frauen.

4 In einer Volksschule sind insgesamt 172 Schüler und Schülerinnen. Die Anzahl der Buben ist die Hälfte plus 2.

   a. Wie viele Buben sind an der Schule?
   b. Wie viele Mädchen sind an der Schule?

5 Familie Hauser geht von zu Hause zur Großmutter. Der Weg ist um 60 m weniger weit als $\frac{3}{4}$ km. Die Strecke ist _____ .

6 In das Schwimmbecken der Familie Nass müssen 26 000 l Wasser eingefüllt werden. $\frac{1}{4}$ des Wassers ist schon eingefüllt.

1 **Miss die Länge und die Breite des Rechtecks ab! Zeichne ein Rechteck in den Raster, das doppelt so groß ist.**
Es ist dann _____ lang und _____ breit.

l = _____

b = _____

2 **Miss die Seite des Quadrats ab! Zeichne ein Quadrat in den Raster, das doppelt so groß ist. Die Seite ist dann _____ lang.**

s = _____

3 **Miss die Länge und die Breite des Rechtecks ab! Zeichne ein Rechteck in den Raster, das nur halb so groß ist.**
Es ist dann _____ lang und _____ breit.

l = _____ b = _____

4 **Miss die Seite des Quadrats ab! Zeichne ein Quadrat in den Raster, das nur halb so groß ist. Die Seite ist dann _____ lang.**

s = _____

1   Vergrößere die Figur!

2   Verkleinere die Figur!

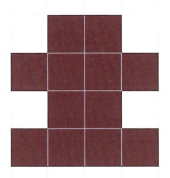

3   Vergrößere!

4   Verkleinere!

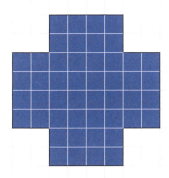

1 Lisa teilt die Zahl im Kreis in Bruchteile. Schreibe die jeweilige Zahl auf!

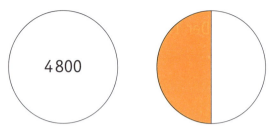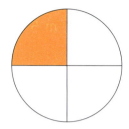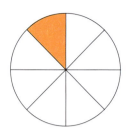

_____   _____   _____

2 Bruchteile von Größen – ergänze!

$\frac{1}{2}$ km = _____ m $\frac{1}{2}$ h = _____ min $\frac{1}{2}$ kg = _____ g

$\frac{1}{4}$ m = _____ cm $\frac{1}{4}$ t = _____ kg $\frac{3}{4}$ h = _____ min

3 Welches Flächenmaß ist 100-mal kleiner als 1 a? Es ist der _____.

4 Nenne das Flächenmaß, mit dem man die Fläche eines Landes angibt! Es ist der _____.

5 Eisenbahnschienen verlaufen _____.

6 Welche Körperform hat eine Lackdose? Es ist ein _____.

7 Setze das Muster fort!

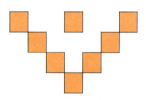

8 Für alle Flächenmaße gilt die Umwandlungszahl _____.

9 Der Flächeninhalt eines Quadrats mit 1 m Seitenlänge ist _____ groß.

10 Es ist jetzt 17:45 Uhr. Wie spät ist es in 25 Minuten? Es ist _____ Uhr.

Kontrolliere die Lösungen! Denk an deine Belohnungssterne auf Seite 5!

1 **Ergänze die passenden Längenmaße!**

a. Ein quadratischer Esstisch hat eine Seitenlänge von 1 _____ 20 _____.

b. Ein Kasten soll 1 m 5 dm hoch sein. Der Tischler gibt das Maß in mm an.
Das sind _____.

2 **Ergänze:**

$3 \cdot 8 =$ _____ $\cdot\ 6$ $\qquad\qquad\qquad$ $6\,500 = 7\,000 -$ _____

3 **Berechne den gesamten Flächeninhalt von Park und Spielplatz:**

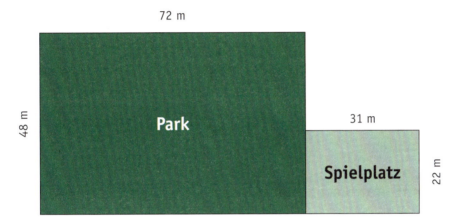

4 **Kreuze die passenden gerundeten Zahlen an!**

1 Ein Fußballplatz hat meist eine Länge von 109 m und eine Breite von 70 m. Um wie viel m^2 ist der Fußballplatz größer als 76 a?

2 Das ist ein ganzer Brotlaib.
Mutter teilt ihn in Viertel auf.
Wie viele Teile sind das?

3 Ergänze die Zahlen auf dem Zahlenstrahl!

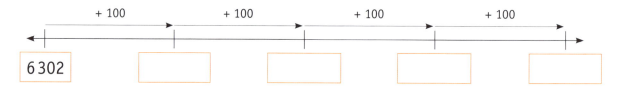

| + 100 | + 100 | + 100 | + 100 |

| 6 302 | | | | |

4 Welche Multiplikation stimmt? Kreuze an! Rechne daneben!

```
  678 · 46
27 120
 4 068
31 188
```
☐

```
 1 304 · 37
 3 912
 9 128
12 040
```
☐

5 Bemale die angegebenen Bruchteile!

$\frac{5}{8}$

1 Das ist der Kassazettel von Großvaters Kaffeehausbesuch. Wie viel Geld gibt Großvater aus, wenn er im Monat vier Mal ins Kaffeehaus geht und immer das Gleiche bestellt?

2 Mika fährt mit dem Schulbus um 13.15 Uhr bei der Schule ab und ist um 13.47 Uhr zu Hause.

3 Ergänze!

8 ZT 5 T _____ 4 Z 5 E = 85 645   74 302 = __ ZT _____

4 Das ist die Skizze des Grundstücks von Familie Leitner. Die Länge ist 38 m. Wie lang ist die Breite?

988 m²

5 Berechne ein Viertel von 6 m 48 cm.

1 Rechne und kontrolliere durch die Überschlagsrechnung!

2 898   Ü: 4 950   Ü:
1 086   – 2 011

2 Die Multiplikation heißt <u>387 · 61</u>. Welches Ergebnis kommt bei der Überschlagsrechnung heraus? Kreuze an!

☐ 2 400   ☐ 240   ☐ 24 000

3 Mama sagt: „Heute beim Einkaufen habe ich 52,80 € bezahlt. Das sind rund _____ €.“

4 Rechne und kontrolliere durch die Überschlagsrechnung!

4 428 : 82 =   Ü:

5 Anna sagt: „875 cm sind mehr als 10 m.“ Erkläre, warum sie sich irrt!

6 Berechne die Strecke von A nach D!

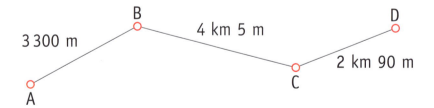

3 300 m   B   4 km 5 m   D

A   C   2 km 90 m

1 Trage die fehlenden Zahlen am Zahlenstrahl ein!

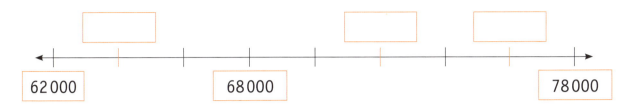

2 Kreuze nur die rechten Winkel an!

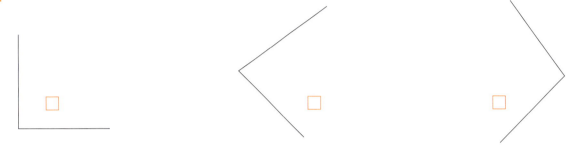

☐   ☐   ☐

3 In einer Schachtel stehen 13 Dosen Bohnen zu je 471 g. Wandle das Ergebnis um!

4 Es ist 9:23 Uhr. Wie viele Minuten fehlen auf die nächste volle Stunde?

Es fehlen _____ min auf _____ Uhr.

5 Eine Uhr bleibt täglich um 2 min 30 s zurück. Um wie viele Minuten muss der Minutenzeiger der Uhr nach 2 Tagen vorgerückt werden? Er muss um _____ Minuten vorgerückt werden.

6 2 t 400 kg Äpfel werden in Steigen zu je 32 kg gefüllt. Wie viele Steigen benötigt man?

1 **Wie heißt die Zahl?**

T	H	Z	E
● ● ● ● ●		● ● ●	● ● ● ● ● ●

Sie heißt _____ .

2 **Eine Bauparzelle hat den Flächeninhalt von 9 a 75 m². Die Breite ist 25 m lang. Wie groß ist die Länge?**

3 **Kreuze an, welches Flächenmaß zur Fläche passt!**

	a	ha	km²
Fußballplatz mit Zuschauertribünen			
ein großer Flugplatz			
Wohnfläche eines Hauses			
Turnsaalfläche			

4 **Ein Konzertsaal hat 25 Sitzreihen mit je 35 Sesseln. Wie viele Konzertbesucher haben im Konzertsaal Platz, wenn zusätzlich 34 Stehplätze zur Verfügung stehen?**

1 Kontrolliere, ob die Additionen richtig gerechnet sind! Verbessere die Falschen!

276		465		9 678	
685		749		3 856	
324		15		942	
902		478		5 040	
2 177		1 698		19 516	

2 Runde die Einwohnerzahl der Landeshauptstädte auf Zehntausender!

Eisenstadt   11 334 ≈ _____   Klagenfurt   90 141 ≈ _____

St. Pölten   49 121 ≈ _____   Bregenz   26 752 ≈ _____

3 Zeichne die fehlenden Kanten des Würfels ein!

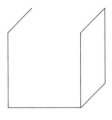 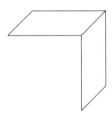 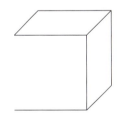 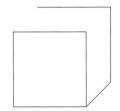

4 Berechne den Umfang des Quadrates mit 56 cm Seitenlänge!

5 Bestimme den Flächeninhalt eines großen Zeichenblattes!
(l = 42 cm, b = 29 cm)

6 Kreuze die Flächen an, deren Flächeninhalt in cm^2 gemessen wird!

☐ Bankomatkarte   ☐ Visitenkarte   ☐ Landkarte

1 Ergänze die fehlenden Zahlen bei den Additionen und Subtraktionen!

```
  2 _ 6          4 _ 5          5 8 3          7 5 4 8
  6 8 _          7 4 _        – _ _ _        – _ _ _ _
 _____          _____          _____          _____
  _ 6 1          _ _ 1 4        3 3 4          2 6 4 2
```

2 18 CDs wiegen 1 kg 548 g. Wie viele g wiegen 11 CDs?

3 Die Multiplikation heißt: **19957 · 8**
Mache dazu die Überschlagsrechnung!

4 Zeichne die symmetrischen Figuren fertig!

5 Es sind hier verschiedene Figuren dargestellt. Welche davon sind Quadernetze? Kreuze an!

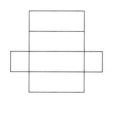   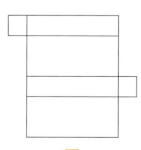   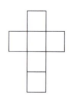   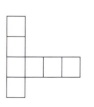

☐   ☐   ☐   ☐

1 Der Fußboden eines 6 m 5 dm langen und 4 m breiten Wohnzimmers soll neu verlegt werden. Für 1 m² Parkettboden sind 44 €
zu bezahlen.

2 Meine Zahl hat 4 HT 7 T und 6 H. Wie heißt sie? _____

3 25 Teile für eine Brücke wiegen 75 t 350 kg. Berechne das Gewicht
eines Brückenteiles!

4 Frau Moser bezahlt an der Kasse des Supermarktes 55,60 €. Sie
bezahlt mit einem 100-Euro-Schein. Wie viel Geld bekommt sie
heraus?

5 Laut Fernsehprogramm dauert ein Film 1 h 50 min. Er beginnt um
20.15 Uhr. Wann endet der Film? Er endet um _____ Uhr.

6 Um 10.52 Uhr kam der Zug in Salzburg an und fuhr um 11.07 Uhr
wieder weiter. Er hatte _____ Minuten Aufenthalt.

7 Sind Notenlinien parallel?   ☐ ja   ☐ nein

8 Sind die gegenüberliegenden Seiten des Quadrats parallel?
☐ ja   ☐ nein

Zum Messen von Längen und Strecken verwenden wir Längenmaße.

Unsere Längenmaße heißen

- Kilometer (km)
- Meter (m)
- Dezimeter (dm)
- Zentimeter (cm)
- Millimeter (mm)

Die Umwandlungszahlen der Längenmaße musst du dir gut merken!

1 km = 1000 m	1 m = 10 dm	1 dm = 10 cm	1 cm = 10 mm
	1 m = 100 cm	1 dm = 100 mm	
	1 m = 1 000 mm		

Zum Wiegen von Gewichten verwenden wir die Gewichtsmaße.

Unsere Gewichtsmaße heißen

- Tonne (t)
- Kilogramm (kg)
- Dekagramm (dag)
- Gramm (g)

Die Umwandlungszahlen der Gewichtsmaße musst du dir gut merken!

1 t = 1000 kg	1 kg = 100 dag	1 dag = 10 g
	1 kg = 1000 g	

Zum Messen der Zeit verwenden wir die Zeitmaße.

Unsere Zeitmaße heißen

- Jahr (J)
- Monat (M)
- Woche (W)
- Tag (T)
- Stunde (h)
- Minute (min)
- Sekunde (s)

Die Umwandlungszahlen der Zeitmaße musst du dir gut merken!

1 J = 12 M	1 M = 30/31 T	1 W = 7 T	1 T = 24 h
1 J = 52 W	1 M = 28/29 T		1 h = 60 min
1 J = 365/366 T			1 min = 60 s

Zum Messen von Flächen verwenden wir Flächenmaße.

Die Flächenmaße heißen

- Quadratkilometer (km²)
- Hektar (ha)
- Ar (a)
- Quadratmeter (m²)
- Quadratdezimeter (dm²)
- Quadratzentimeter (cm²)
- Quadratmillimeter (mm²)

Die Umwandlungszahl der Flächenmaße ist immer 100!

DURCH STARTEN

MATHEMATIK

4

4. Klasse VS

ÜBUNGSBUCH LÖSUNGSHEFT

VER1TAS
Gemeinsam besser lernen

Seite 10

1

304	38	451	100
2	560	9	4
600	201	76	759
906	4	2	60
	803	538	923

2
371 < 731   581 < 591   678 > 673
902 > 403   234 < 275   831 < 832

3 Die Zahl heißt 846.

4 Der Unterschied ist 400.

5 Die Einernachbarn heißen 560, 562.

6 645, 655
935, 915

Seite 11

1 483   348   843
Kleinste Zahl: 348
Größte Zahl: 843

2
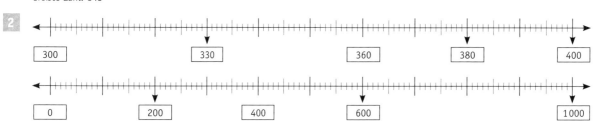

3 139

4 Das sind 921 m.

5 Das sind 137 m.

6 Dienstag und Sonntag

7 991

8 7 H + 3 Z + 9 E

Seite 12

1
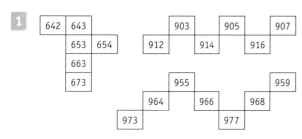

2

Zahl	Zahl
306	891
1000	704
900	310
675	284

3

2 H 4 Z ▶ 204 ☐   1 T ▶ 100 ☐
9 H 9 E ▶ 909 ☒   5 Z 7 H 9 E ▶ 957 ☐
Harry hat eine Aufgabe richtig.

4 Die Zahl heißt 623.

Seite 13

1

284	900	840
172	880	650
881	780	950
968	990	1000

2 841   971   819   681

3

476	870	208
253	42	587
729	912	795

4

504	177	88	9
28	14	95	380
532	325	495	404
	516	678	793

5

468	☐ Es wurde minus statt plus gerechnet.
37	☐ Es wurde der Übertrag nicht berücksichtigt.
838	☒ Es wurde falsch untereinandergeschrieben.

Seite 14

1

818	320	550
417	160	240
618	120	180
118	320	210

2 369   278   513   390

3

751	904	472
− 258	− 475	− 68
493	429	404

4

723	529	650
− 508	− 289	− 435
215	240	215

5

397	☐ Es wurde plus statt minus gerechnet.
− 542	☒ Die größere Zahl steht nicht oben.
255	☐ Es wurde falsch untereinandergeschrieben.

Seite 15

1

48	40	470
63	100	45
24	24	400
18	40	8

2

364 · 2	123 · 5	69 · 7	108 · 9
728	615	483	972

29 · 6	125 · 8	272 · 3	201 · 4
174	1000	816	804

3

176 · 4	439 · 2	89 · 9	320 · 3
704	878	801	960

4

451 · 2	56 · 4	48 · 7	243 · 3
902 ☒	232 ☐	329 ☐	729 ☒

5

79 · 4
316

Seite 16

1

9	7 R 3	54
5	6 R 2	30
9	8 R 1	28
8	7 R 3	16

2 Bestimme den Stellenwert und löse die Divisionen!

475 : 5 = 95
 25
  0R

840 : 4 = 210
 04
  00
   0R

584 : 8 = 73
 24
  0R

963 : 3 = 321
06
 03
  0R

709 : 7 = 101
00
 09
  2R

764 : 4 = 191
36
 04
  0R

976 : 8 = 122
17
 16
  0R

1000 : 4 = 250
 20
  00
   0R

612 : 6 = 102
01
 12
  0R

974 : 9 = 108
07
 74
  2R

120 : 8 = 15
 40
  0R

824 : 5 = 164
32
 24
  4R

3

965 : 5 = 193
46
 15
  0 R

876 : 2 = 438
07
 16
  0 R

Seite 17

1 Es können 40 Rasenmäher ausgerüstet werden.
2 Räder bleiben übrig.

2 Das sind 720 Tafeln Schokolade.

3 Das sind insgesamt 822 Fahrzeuge.

4 Es muss 464 subtrahiert werden.

5 85

6 80

Seite 18

1

137   ☒ In Mattigwald gehen 137 Buben und 159 Mädchen in die Volksschule.
159   ☐ Susis Buch hat 159 Seiten. Sie hat schon 137 Seiten gelesen.
296

A: In der Volksschule sind insgesamt 296 Kinder.

2 241

3 Es bleiben noch 229 Flaschen Apfelsaft übrig.

4 A: In einem Bus sitzen 58 Personen.

5 ☐ 432   ☐ 42   ☐ 43   ☒ 0

Seite 19

1 Das kleinste Längenmaß heißt mm.

2 ☐ ja   ☒ nein

3 **km**   m   **dm**   cm   **mm**

4
543 cm	954 mm
802 mm	704 cm
303 cm	401 mm
64 dm	54 mm

5
50 mm	1000 mm
460 mm	400 mm
26 mm	10 mm

6
5 dm 7 cm 3 mm
3 m 4 dm 0 cm oder 3 m 4 dm
78 m 1 dm

9 m 0 dm 1 cm oder 9 m 1 cm
1 km
2 dm 9 cm 0 mm oder 2 dm 9 cm

7
805 mm = 8 m 0 dm 5 mm ☐
100 cm = 1 m ☒
730 cm = 7 m 3 cm ☐

97 mm = 9 cm 7 mm ☒
540 dm = 54 m 0 dm ☒
203 cm = 2 m 3 dm ☐

Seite 20

1
4 dm 5 cm 1 mm   9 cm 3 mm
58 mm   798 mm

2
875 cm   594 cm
73 cm   75 cm

3 cm

4 dm

5 Statt 10 mm kann man auch 1 cm sagen.

6
Frau Hart parkt ihr 4 dm 6 cm 3 mm langes Auto. ☐
Lilos Papa ist 1 m 84 cm groß. ☒
Die Klassentüre ist 2 mm hoch. ☐
Ritas Schulweg ist 2 dm lang. ☐

7
Ein Marienkäfer ist 7 mm lang.
Baby Larissa ist 50 cm groß.
Der Attersee ist 22 km lang.
Eine Stechmücke ist 14 mm groß.

8 Mein Bleistift ist 15 cm lang.

Seite 21

1
Risa	Konrad	Reini	Lotte
2 m 56 cm	2 m 66 cm	3 m 56 cm	3 m 61 cm

2
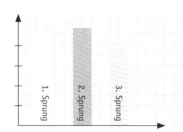

3 Rundreise: 441 km   Sie fahren um 559 km weniger als 1000 km.

Seite 22

Da du dir selbst Zahlen ausgesucht hast, können wir nur an Beispielen zeigen, wie unsere Lösungen mit Zahlen, die wir gewählt haben, ausschauen:

1
Heinz ist um 3 cm kleiner als 1 m 5 dm.
Rechnung: 150 cm – 3 cm = 147 cm
Antwort: Heinz ist 147 cm groß.
Oder: Heinz ist 1 m 4 dm 7 cm groß.
Oder: Heinz ist 1 m 47 cm groß.

2 Schnurstück je 3 m 20 cm lang.
Rechnung: 3 m 20 cm · 9 = 28 m 80 cm
Antwort: Die gesamte Schnur muss 28 m 8 dm lang gewesen sein.

3 Kilometerzähler zeigt beim Wegfahren: 567 km
Kilometerzähler zeigt nach der Radtour: 604 km
Rechnung: 604 − 567 = 37
Antwort: Leo ist mit seinem Vater 37 km gefahren.

4 Herr Met: 1 m 86 cm
Frau Met: 1 m 67 cm
Rechnung: 1 m 86 cm − 1 m 67 cm = 19 cm
Antwort: Der Größenunterschied beträgt 19 cm.

Seite 23

1 ☒ kg   ☐ m   ☒ dag   ☐ dm   ☐ min   ☒ g

2 10 g   100 g   1 kg
100 dag   1000 kg   1000 g

3

4 405 dag   546 g
106 g   580 dag
1000 kg   30 g

5 5 kg 20 dag   10 kg
8 kg 75 dag   1 t
67 dag 4 g   6 dag 3 g

Seite 24

1 56 dag, 780 g, 1 000 g, 25 kg, 1 t

2

20 g	Radiergummi
36 kg	Schulkind

35 dag	Schulbuch
5 t	Elefant

3
◆ Eine Birne wiegt ungefähr 160 g.
◆ Ein halbes Kilogramm ist 500 g.
◆ Er wiegt 7 t 560 kg.
◆ Das sind etwa 350 kg.
◆ Sie wiegen etwa 1 kg.

4 4 dag < 280 g   750 dag > 7 kg 5 dag
5 dag 6 g < 65 g   1000 g = 1 kg
8 kg 4 dag > 480 dag   4 g < 4 dag

5 287 g   426 g + **574** g = 1 kg
643 dag oder 6 kg 43 dag **577** kg + 423 kg = 1 t
6 t oder 6 000 kg   213 dag + **287** dag = 500 dag
541 g   67 dag + **180** g = 850 g

6 ☐ 18 kg   ☒ 5 t   ☐ 560 dag   ☐ 7000 g

Seite 25

1 ja

2 56 dag = 560 g
4 kg 4 dag = 440 dag   **404 dag**
38 dag 2 g = 40 dag   **382 g**
100 g = 1 kg   **10 dag**
1 t = 1000 g   **1000 kg**

3 Du musst 3 kg 80 dag nach Hause schleppen.

4

422 dag	**600** g – 60 g = 540 g
88 g	290 g – **0** g = 29 dag
20 kg	420 g – **180** g = 240 g
863 g	1 t – **420** kg = 580 kg

5

☒ 10 kg = 1000 dag   ☐ 25 kg = 250 g   ☒ 204 g = 20 dag 4 g
☒ 50 dag = 500 g   ☒ 1 t = 1000 kg   ☒ 7 dag 7 g = 77 g

Seite 26

1

29 h	55 h
43 h	50 h

80 min	205 min
165 min	268 min

75 s	236 s
150 s	600 s

2 Es sind 30 min vergangen.

3

45 min + **15 min** = 1 h   58 min + **2 min** = 1 h   12 min + **48 min** = 1 h
33 min + **27 min** = 1 h   27 min + **33 min** = 1 h   60 min + **0 min** = 1 h

4 Da war es 15:45 Uhr.

5 Dann ist es 7:50 Uhr.

6 Es ist dann 13:03 Uhr.

7 Das war um 10:56 Uhr.

Seite 27

1 ☐ Sekunden   ☐ Minuten   ☒ Stunden   ☐ Tage

2 ☐ 12 Monate   ☐ 365/366 Tage   ☒ 52 Wochen

3

Jahr(e)	1	2	3	4	5
Monate	**12**	24	**36**	48	**60**

4

Stunde(n)	1	3	5	6	10
Minuten	**60**	180	**300**	360	**600**

5 ☒ Minuten   ☐ Stunden   ☒ Sekunden   ☐ Tage

6 ☒ 4 h 45 min   ☐ 3 h 45 min   ☐ 5 h 15 min

7 ☐ nach vielen Wochen   ☐ nach wenigen Stunden
☒ nach wenigen Tagen   ☐ nach einem Jahr

8 ☐ nach 1 h   ☒ nach 3 h   ☐ nach 2 h

9 Es sind 4 Jahreszeiten.

Seite 28

1

Sendung	Beginn	Ende	Dauer
Gruselschule	9.00 Uhr	9.45 Uhr	45 min
Fortsetzung folgt	11.05 Uhr	11.30 Uhr	25 min
Löwenzahn	11.30 Uhr	11.55 Uhr	25 min
Popeye	12.10 Uhr	12.40 Uhr	30 min

Seite 29

1 ☐ 50 Cent   ☒ 100 Cent   ☐ 20 Cent   ☐ 10 Cent

2 Die Abkürzung für Euro ist € .
Cent wird mit c abgekürzt.

3 Wenn du Geldbeträge in Kommaschreibweise anschreibst, so müssen hinter dem Komma immer 2 Stellen stehen.

4
4,28 €	0,04 €	4,06 €
0,77 €	2,05 €	88,12 €
319,00 €	49,50 €	162,00 €
0,65 €	0,80 €	0,05 €

5
4 € 29 c	22 € 99 c	36 c
48 c	708 € 8 c	1 c
361 €	69 € 30 c	14 € 5 c
20 c	9 c	999 €

6 Maxi hat in der Spardose 1 € 7 c gesammelt.

Seite 30

1
9,51 €	☒ ja	☐ nein
11,48 €	☒ ja	☐ nein
49,59 €	☐ ja	☒ nein
87,19 €	☐ ja	☒ nein

2
99,30 €	☐ ja	☒ nein
950,70 €	☒ ja	☐ nein
15,50 €	☐ ja	☒ nein
84,70 €	☐ ja	☒ nein

3
4,90 €	☐ ja	☒ nein
5 €	☒ ja	☐ nein
9,90 €	☒ ja	☐ nein
1 €	☐ ja	☒ nein

4 Sophie bezahlt 1 € 20 c.

5 Die Lehrerin muss 56,80 € einsammeln.

Seite 31

1 Helena bezahlt 10 € 97 c.

2 Valentin bezahlt 4,95 €.

3 Bernhard bezahlt 30 € selber.

4 Frau Grundner erspart sich 0,47 € oder 47 c.

5 Das Heft und die Mappe

Seite 32

1 35,02 €

2 2,01 €

3 1,01 €

4 26,97 €

5 Individuelle Lösung

6 32,96 €

Seite 33

2 ☒ ja ☐ nein

3

Es werden 24 m Zaun benötigt.

4 Er braucht 3 m 20 cm Zaun.

Seite 34

1 Das Absperrband muss 180 m lang sein.

2 Stimmt alles? ☒ ja ☐ nein

3 l = 5 cm; b = 2 cm

4 l = 48 m; b = 38 m
Der Umfang beträgt 172 m.

5 29 · 4   u = 116 m

6 Mit der Zahl 4.

Seite 35

1 ☒ 20 : 4 = 5   ☐ 20 : 5 = 4   ☐ 20 · 4 = 80   ☐ 20 – 4 = 16

2 ☐ 1 : 4 = 4   ☒ 100 : 4 = 25   ☐ 100 · 4 = 400

3 Die Seitenlänge ist 12 cm.

4 s = 95 cm

5 Eine Seite muss 2 cm sein.

Seite 36

1 ☐ Umfang minus zweimal die Breite ergibt eine Länge.
☐ Umfang minus Breite ergibt eine Länge.
☒ Umfang minus zweimal die Breite ergibt 2 Längen und dann dividiert durch 2.

2 Die Länge beträgt 8 m.

3 Der Garten ist 48 m breit.

4 Die Breite ist 5 m.

Seite 37

1 ☐ die Lehrerin ☒ das Baby ☐ das Auto ☒ der Schuh

2 300 g Wurst kosten 3,57 €.

3 9 c   90 c   9 €   9,09 €   9,99 €   90 €

4 Der Umfang beträgt 132 m.

9

5
30 dm   80 g   40 cm
600 dag   50 mm   200 g

6
☒ 2 min oder ☐ 119 s

Seite 38

1
a. 6
b. 10 000
c. 8
d. 5 670
e. 3

2

4 999	5 000	5 001
9 998	9 999	10 000
3 909	3 910	3 911
3 401	3 402	3 403
4 997	4 998	4 999
1 000	1 001	1 002

3

6 850	6 860	6 870	6 880	6 890	6 900	6 910

5 780	5 790	5 800	5 810	5 820	5 830	5 840

4

7 200	7 300	7 400	7 500	7 600	7 700	7 800

945	1 045	1 145	1 245	1 345	1 445	1 545

5
6 301
10 000
5 038
2 670

Seite 39

1   3 021   2 310   4 200   1 400   10 000

2
5 632
9 064
7 501
10 000

3
Zehnerstelle
Hunderterstelle
Einerstelle

4   9 710

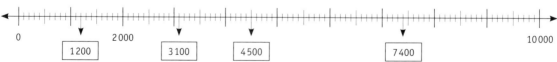

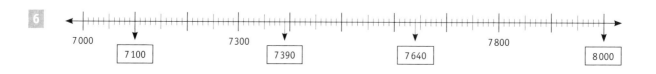

Seite 40

7456	9102	5900	3816	2026
7556	9202	6000	3916	2126

2

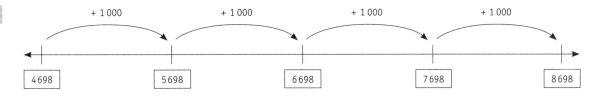

3 6 872, 6 873, 6 874, 6 875, 6 876, 6 877, 6 878

4

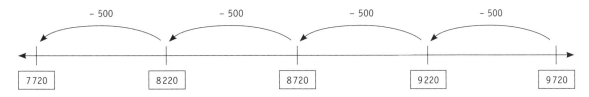

5 Die Zahl hieß 9 000.

6

6 053	9 005
8 961	5 750
10 000	469

7

0   in der Mitte   10 000

8 Hunderter und Einer

Seite 41

1 7 534

2 5

3 3 054

4 größer

5 5 033

6 ja

7 5 034 < 6 540

8 4 934

9 6 034

10 Zweimal

11 5 000

Seite 42

1				2				3		
30	60	80		200	500	100		3 000	5 000	8 000
30	60	80		700	400	300		4 000	10 000	6 000
50	10	60		500	600	900		7 000	3 000	6 000
				900	800	600		6 000	8 000	9 000

4
Das sind rund 8 000 €.
Das sind rund 2 000 kg.
Das sind rund 5 000 Einwohner.

Seite 43

1 ☐ 470 ☒ 500 ☐ 400 ☐ 480

2 ☐ 3 800 ☐ 3 000 ☒ 4 000 ☐ 3 820

3 ☐ 8 200 ☒ 8 546 ☐ 8 445 ☒ 8 721

4 ☐ 420 ☒ 485 ☐ 449 ☒ 450

5
7 890 ≈ 8 000   8 040 ≈ 8 000
3 907 ≈ 4 000   5 250 ≈ 5 000

6
☐ Die Schule beginnt pünktlich um 8.00 Uhr.
☐ Meine Telefonnummer lautet 0664/2834435.
☒ Dem Tischler wurden rund 3 000 € bezahlt.
☒ Ein Ausflug war rund 500 km weit.
☐ Unsere Postleitzahl heißt 5020.
☒ Für die Hausübung brauchte Marlene rund 30 Minuten.
☐ Ein Autokennzeichen hat die Nummer: S – 579 LT
☒ Frau Bruckner ist rund 50 Jahre alt.

7
Das sind rund 800 Seiten.
Das sind rund 20 dag.
Das sind rund 3 000 m.

Seite 44

1

4 354	Ü:	4 000		2 896	Ü:	3 000
4 677		5 000		6 256		6 000
9 031		9 000		9 152		9 000

3 290	Ü:	3 000		7 798	Ü:	8 000
2 769		3 000		1 243		1 000
6 059		6 000		9 041		9 000

2

7 548	Ü:	8 000		3 154	Ü:	3 000
− 4 906		− 5 000		− 1 269		− 1 000
2 642		3 000		1 885		2 000

9 571	Ü:	10 000		6 928	Ü:	7 000
− 4 927		− 5 000		− 2 145		− 2 000
4 644		5 000		4 783		5 000

3

999 · 3	Ü:	1 000 · 3		527 · 4	Ü:	500 · 4
2 997		3 000		2 108		2 000

4
3 309 : 3 = 1 103   Ü: 3 000 : 3 = 1 000
5 015 : 5 = 1 003   Ü: 5 000 : 5 = 1 000

Seite 45

1 Die Volksschule Mühlberg hat insgesamt 4 000 € ausgegeben.

2 Die Volksschule Arnberg hat 1 500 € für den Computerraum ausgegeben.

3 Die Volksschule Hausberg hat 1 500 € für Turngeräte ausgegeben.

4 Welche Schule hat das meiste Geld zur Verfügung?
Arnberg   4 000 €   Bamberg   4 500 €
Hausberg 2 500 €   Mühlberg 4 000 €
Die Volksschule Bamberg hat das meiste Geld zur Verfügung.

Seite 46

Was du nicht zum Rechnen brauchst, ist unterstrichen.

1 Die Großtante Susi vererbt ihren 4 Neffen Felix, Lukas, Maxi, Tim und 4 Nichten Sonja, Maria, Sophie und Sara 6 880 €. Jedes Kind erhält gleich viel. Von dem Geld wollen sich die Kinder Fahrräder, Computerspiele und Handys kaufen.
Jedes Kind erhält 860 €.

2 Rudi ist ein Glückspilz. Er hat im Lotto das Doppelte von 2 500 € gewonnen. Damit will er eine Schiffsreise machen.
Sein Gewinn beträgt 5 000 €.

3 Dorothea ist eine Leseratte. Am liebsten liest sie vor dem Einschlafen. Zurzeit fesselt sie ein Harry-Potter-Roman. Ein Buch hat ungefähr 650 Seiten. Insgesamt hat sie bereits zwei von sieben Bänden gelesen. Manuel hat bereits alle sieben Bände gelesen. Wie viele Seiten sind das ungefähr?
Kreuze an!
☐ 6 500 Seiten   ☐ 650 Seiten   ☒ 5 000 Seiten

4 Robin wurde am 10. Dezember geboren und ist jetzt 3 Monate alt. Am 10. März wird er in der Kapelle St. Florian getauft.
Für das Essen nach der Taufe bezahlen die Eltern 398 €. Es waren 12 Personen eingeladen.
Die Hälfte der Rechnung übernimmt die Taufpatin. Das sind ungefähr
☐ 100 €   ☐ 300 €   ☒ 200 €

5 Ronja ist heute genau 9 Jahre alt. Zu ihrer Geburtstagsfeier lädt sie alle Mädchen der 4. Klasse ein. Das sind 12 Freundinnen. Alle bringen Geschenke mit. Nach der Geburtstagsjause machen die Kinder Rätselspiele. Anna fragt: „Wie viele Tage bist du alt, wenn ein Jahr mit 365 Tagen gerechnet wird?" Ronja ist 3 285 Tage alt.

Seite 47

1 ☒ Er hat die Länge des Rechtecks falsch umgewandelt.

2 Familie Bauer erntete 162 kg Äpfel. Sie verkaufen davon 98 **kg** Äpfel.

3 7 670   7 680   7 690   7 700   7 710

4 Das sind rund 40 000 km.

5
3 0 5 · 3
9 1 5

6
```
  10 000        Ü:   10 000
–  8 299          –  8 000
   1 701             2 000
```

Seite 48

1 ☒ Sie hilft mir dabei, das Ergebnis einer Rechnung richtig zu schätzen.

2 Wenn du die Zahl 4 270 auf Tausender runden sollst, so musst du auf die Hunderterstelle schauen und abrunden.

3 Subtrahieren heißt so viel wie wegzählen.

4 ☐ 234   ☒ 2 340   ☐ 23   ☐ 23 400

5 Zehntausend

6 Den Unterschied

7 ☒ ja   ☐ nein

8 Ich kann die Länge berechnen.

9 Wenn du 768 € auf 2 Personen aufteilst, so musst du dividieren.

10 Es bedeutet rund oder ungefähr.

Seite 49

10 · 10 000 = 100 000

2 1 t hat 1000 kg.
1 km hat 1000 m.
40 000 ist 4-mal 10 000.
10 mal 10 000 ist genauso viel wie 100 000.
100 mal 1000 ist genauso viel wie 100 000.

3

	ja	nein
Können in einer Stadt 100 000 Menschen leben?	☒ ja	☐ nein
Gibt es eine Volksschule mit 100 000 Kindern?	☐ ja	☒ nein
Kann man beim Lotto 100 000 € gewinnen?	☒ ja	☐ nein
Können in einem Hausgarten 100 000 Bäume stehen?	☐ ja	☒ nein

4 80 000

5

50 000	60 000	70 000	80 000	90 000	100 000

6

45 699	45 700	45 701
59 999	60 000	60 001
89 000	89 001	89 002
36 809	36 810	36 811

66 999	67 000	67 001
79 998	79 999	80 000
25 099	25 100	25 101
10 100	10 101	10 102

7 66 000

Seite 50

1 Insgesamt sind das 20 000 €.
Es fehlen 80 000 €.

2

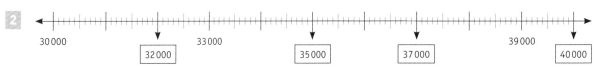

32 000		35 000	37 000		40 000

3

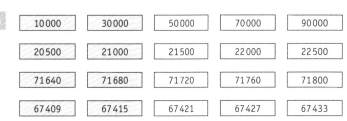

10 000	30 000	50 000	70 000	90 000

20 500	21 000	21 500	22 000	22 500

71 640	71 680	71 720	71 760	71 800

67 409	67 415	67 421	67 427	67 433

4

77 456	92 976	44 000	59 567	99 000
78 456	93 976	45 000	60 567	100 000

5 67 000
40 000
9 900

6 80 500
62 000
90 009

7 74 321
90 643
100 000
40 035
89 500

Seite 51

1
60 000	80 000	80 000
10 000	20 000	100 000
30 000	90 000	70 000
50 000	30 000	90 000

2 56 341 ▶ 60 000 > 50 000
51 004 ▶ 50 000 = 50 000
44 591 ▶ 40 000 < 50 000

3 ☒ 41 890 km   ☐ 34 561 km   ☒ 39 456 km   ☒ 44 870 km

4 Das Ergebnis ist rund 90 000.

5 Das sind rund 10 000 m.

6 Das sind rund 70 000 kg = 70 t.

7 Das sind rund 20 000 l.

Seite 52

1 Das sind insgesamt 63 326 €.
Das sind rund 60 000 €.

2 Der Preisunterschied ist 16 020 €.
Das sind rund 16 000 €.

3 Er nimmt 40 900 € ein.
Das sind rund 40 000 €.

4 Das sind 10 788 €.
Das sind rund 10 000 €.

5

40 000	40 000
40 000	− 40 000
80 000	00 000

Seite 53

1 Er hat 46 800 Bienen verloren.

2

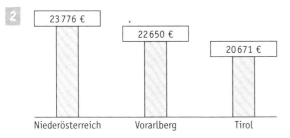

23 776 €	22 650 €	20 671 €
Niederösterreich	Vorarlberg	Tirol

3 Angelika kann noch 3 858 km fahren.

Seite 54

1 Im Safe sind 100 000 €.

2 12, 36, 8, 42, 23, 18

3

	=	3
	=	0
	=	1
	=	7
	=	5
	=	6
	=	2
	=	8

Seite 55

1 ☒ Kerstin bestimmt den Stellenwert.

2 Euromünzen: 2 €, 1 €
Centmünzen: 50 c, 20 c, 10 c, 5 c, 2 c, 1 c

3 Jetzt heißt die Zahl 7 049.

4 Sie heißt 8 530.

5 Die Zahl heißt 1 050.

6 1 kg wiegt genauso viel wie 100 dag.   1 dag wiegt genauso viel wie 10 g.   1 t wiegt genauso viel wie 1000 kg.

7 1, 2, 3, 4 werden abgerundet.

8 multiplizieren

9 ☒ ungefähr zu schätzen

10 ☒ 5 679

Seite 56

1 1 000 000

2
Lilli	30 000	Willi	1 000 000	Rolli	400 000
Lolli	1 000	Ken	1 000 000		

3 10 Hunderttausenderschritte

4
400 000	500 000	600 000
	600 000	800 000
	250 000	300 000

5
200 000	390 000
199 999	899 000
800 000	999 999

Seite 57

1

1 000 000	
100 000	900 000
300 000	700 000
200 000	800 000
400 000	600 000
500 000	500 000

1 000 000	
120 000	880 000
240 000	760 000
450 000	550 000
110 000	890 000
680 000	320 000

1 000 000	
190 000	810 000
470 000	530 000
820 000	180 000
290 000	710 000
1	999 999

2 ☒ 778 231   ☒ 678 330   ☒ 678 232

3 ☒ 504 200   ☒ 504 199

4 Minni Maus, Micky Maus und Donald Duck

Seite 58

1
350	480	560	820	1 200
2 300	7 540	940	6 270	4 960

2
240	1 240	660	3 550	1 680
2 460	1 590	4 050	1 680	4 270

3
1 020	1 740	3 040	3 900	1 350
6 020	4 720	3 510	2 480	4 150

Seite 59

1
8 176	8 547	8 892	7 506
7 578	9 823	8 960	8 575
8 904	7 062	6 468	7 480

2 Das Ergebnis lautet 22 680.

3 Das Ergebis lautet 27 645.

Seite 60

1 Das 37-fache von 192 heißt 7 104.

2 Das Ergebnis lautet 6 345.

3 Sie fährt 1 880 km.

4 Die Lehrerin muss 450 Rechnungen kontrollieren.

5 Es sind rund 200 Kopien in einem Monat.

Seite 61

1. Sie bezahlen 22 084 €.

2. Beate bezahlt 3-mal 1 210 €.

3. Die Firma Huber bezahl 128 850 €.

4. Jeder bezahlt 4 850 €.

Seite 62

1. Die Lösungswörter heißen: SUPER, PRIMA, BRAVO

2. Die Überschlagsrechnung dazu heißt 2 000 · 20.

3.
$5657 \cdot 3$	$1207 \cdot 8$	$5123 \cdot 7$
16 971	9 656	35 861

$2356 \cdot 9$	$4452 \cdot 5$	$1895 \cdot 6$
21 204	22 260	11 370

4. Es wurde der Übertrag nicht weitergezählt.

5.
2008	2009	2012
4964	4955	4946

Seite 63

1. 1000

2. 50 503

3. HT

4. Es wurden rund 1 800 km gefahren.

5. Der siebte Teil von 595 heißt 85.

6. Insgesamt kostet der Musicalbesuch 732 €.

7. Eine Seite ist 26 m lang.

Seite 64

1.
23	30
20	83
117	106
105	99

Seite 65

1.
20/69 R	67/27 R
100/5 R	108/53 R
54/75 R	64/27 R
690/4 R	102/83 R

Seite 66

1.
79/27 R	98/77 R
344/17 R	44/57 R
54/60 R	52/19 R
70/63 R	103/8 R

2. ja – es bleibt 38 Rest

Seite 67

1

4/24 R	81/55 R
5/40 R	120/40 R
3/35 R	61/74 R
20	221/16 R

2 189/41 R – Hainer hat nicht erkannt, dass zu viel Rest bleibt.

Seite 68

1 Jedes Kind musste 75 € bezahlen.

2 Im Monat bezahlten sie 53 € für den Strom.

3 Er muss täglich 88 km fahren.

4 An einem Tag frisst der Elefant 250 kg Pflanzen.

Seite 69

1 Auf einem Flughafen kommt ein Flugzeug mit **269 Passagieren** an. Sie werden mit Bussen in die Stadt gefahren. In jeden Bus passen **34 Leute**.
a) 7 Busse sind vollbesetzt.
b) Es sind 31 Personen.

2 Julians Katze bekam **drei junge Kätzchen**. Er geht mit ihnen zum Tierarzt. Das Gewicht der Kätzchen ist **120 g, 114 g und 135 g**.
Er legt sie in einen Korb, der **40 dag** wiegt.
Nein, Julian trägt nur 769 g. Das ist weniger als 1 kg.

3 Herr Glück spielt gerne Lotto. Er hat schon dreimal gewonnen. Einmal **450 €, dann 26 € und 2450 €**.
Mit diesem Geld fährt er nun **14 Tage** auf Urlaub.
Herr Glück hat jeden Tag 209 € zur Verfügung.

4 ☒ addieren (6 214 Stück insgesamt)

Seite 70

1 Ein Euro hat 100 c.

2 18 Kinder bezahlen insgesamt 297 €.

3 Die Einnahmen aus diesem Buch betrugen 1075,20 €.

4 Die Lexika kosten 231 €.

5 Der Lesestoff kostet 196,80 €.

Seite 71

1 Für 15 Kaffeemaschinen wurden 9 178,50 € eingenommen.

2 Für dieses Angebot wurden 1 376,20 € eingenommen.

3 Für dieses Angebot wurden 5 038,40 € eingenommen.

4 Für dieses Angebot wurden 12 087,40 € eingenommen.

Seite 72

1 Die Zeitschrift kostet 7,80 €.

2 Ein Kind muss 6,90 € bezahlen.

3 Ein Meter Vorhangstoff kostet 7,99 €.

4 Eine Tischdecke kostet 5,90 €.

Seite 73

1 Familie Meister kauft sich ein Haus. Es kostet **144 000 €**. Es wird in **72 Monatsraten** abbezahlt. Wie hoch ist eine solche Rate?
Eine Rate beträgt 2 000 €.

2 Sophie hat **monatlich** etwa 28 € Telefonrechnung. Wie viel muss sie **jährlich** rund bezahlen? Sie muss jährlich 336 € bezahlen.

3 **Drei** Jugendliche kaufen sich gemeinsam eine neue Küche um **5 460 €**. Sie zahlen **1 500 €** an und zahlen den Rest in **vier** Monatsraten.
Eine Monatsrate beträgt 990 €. Für jeden Jugendlichen bedeutet das 330 Euro pro Monat Ratenrückzahlung.

4 Familie Taupe kauft sich einen Rasenmäher. Der Vater bezahlt **115 €** zu je **12 Raten**. Wie viel kostet der Rasenmäher? Der Rasenmäher kostet 1 380 €.

Seite 74

1 Sie bezahlte rund 76 €.

2 Das sind 12 € 50 c. Das sind rund 13 €.

3 Das sind rund 270 €. Es fehlen noch 730 €.
Das sind rund 820 €. Es fehlen noch 180 €.
Das sind rund 440 €. Es fehlen noch 560 €.
Das sind rund 550 €. Es fehlen noch 450 €.

4 1 Cent ist genauso viel wert wie 0,01 €.

5 Es wurden 2 389,90 € abgehoben.

6 11 000 € ≈ 10 000 €
38 000 € ≈ 40 000 €
63 000 € ≈ 60 000 €
86 000 € ≈ 90 000 €

7 Das sind rund 800 €.

8 Das sind rund 3 000 €.

9 Das sind rund 30 000 €.

Seite 75

1 Eine Flöte kostet 40 €. Vier Flöten kosten 160 €.

2 Eine Puppe kostet 19,99 €. Fünf Puppen kosten 99,95 €.

Seite 76

1 7 Tage   ⟶   105 min
31 Tage   ⟶   _?_ min

2 5 Bilderrahmen kosten 17,45 €. Wie viel kosten 15 Bilderrahmen?

3 6 Faserstifte   ⟶   2,94 €
12 Faserstifte   ⟶   _?_ €

4 Herr Berger fährt mit einer Tankfüllung von 52 Liter Diesel 936 km weit. Wie weit kann er mit 40 l Diesel fahren?

Seite 77

1 42 Kühe geben 2 520 l Milch.

2 Der Wirt muss 72 € bezahlen.

3 Der Pkw-Fahrer fährt rund 40 000 km weniger in einem Jahr.

4 Es sind 3 000 Minuten. Das sind 50 Stunden.

5 Eine Kiste wiegt somit 13 kg.

Seite 78

1 Die österreichische Fahne hat 2 Farben (Rot und Weiß).

2 dreitausend
Multiplikation
Quadrat
Cent
Gramm
Zentimeter
Sekunde

3 „fünf nach zwölf" ist eine Uhrzeit.

4 Beginnzeiten des Films

5 Er hat 10 Stück Obst.

6 20 ist durch den Klecks verdeckt.

Seite 79

1 41 km

2 39 km

3 24 km

4 49 km

Seite 80

1 Ein Würfel hat 6 quadratische Flächen, 12 Kanten und 8 Ecken.

2 a) gelb
b) hellblau
c) dunkelblau

3 Alle Flächen sind gleich groß.

Seite 81

1 Ein Quader hat 6 rechteckige Flächen, 12 Kanten und 8 Ecken.

3 a) orange
b) blau
c) rosa

Seite 83

1 Zylinder   Quader   Pyramide
Kugel   Kegel   Würfel

2 Zylinder: Teil 2 und Teil 11
Quader: Teil 8 und Teil 10
Kegel: Teil 4 und Teil 7
Kugel: Teil 9 und Teil 12
Würfel: Teil 1 und Teil 3
Pyramide: Teil 5 und Teil 6

Seite 84

1 Viereck: obere und untere Linie, Viereck: rechte und linke Linie

 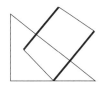

2 Kirchengasse, Grabengasse, keine

3 Immer die erste und zweite Gerade sind parallel.

4

Seite 85

1
4	0	4
0	0	0
1	0	1

2 Es sind 12 rechte Winkel.

3 Es sind 4 rechte Winkel.

Seite 86

1

2

3 Die größeren Winkel sind grau.

Seite 87

1 Sie schafft in einer Stunde 3 m.

2 2470 dag = 24 kg 70 dag

3 Der Minutenzeiger steht auf 12 und der Stundenzeiger auf 3.
Der Minutenzeiger steht auf 12 und der Stundenzeiger auf 9.

4 Sprossen einer Leiter
Linien im Schreibheft
Linien auf dem Geodreieck

5 Euro und Cent

6 km

7 Stunden, Minuten, Sekunden

8 g

Seite 88

1 Die Uhr kostet 325 €.

2 Rita schreibt 19-mal die Ziffer 6 auf.

3 Die Ziffer 4 kommt 3-mal in den Ergebniszahlen der Malreihe von 7 vor.

4 Es passt die gelbe Tischdecke.

5 2-mal kommt Rest 2 heraus – bei 18 : 4 und bei 18 : 8

Seite 89

1 13 cm², 10 cm², 11 cm²

2 15 cm², 8 cm², 6 cm²

3 15 cm²

Seite 90

1 dm²

2 1 dm

3 In 1 dm² haben 100 cm² Platz.

4 100-mal kleiner

5 Lesebuch, Computerbildschirm, Papiertaschentuch

Seite 91

1
200 cm²	400 cm²	900 cm²
500 cm²	300 cm²	1000 cm²

2
5 dm²	6 dm²	8 dm²
1 dm²	10 dm²	7 dm²

3 ☒ 123 cm² ☒ 255 cm²

4
55 cm²	99 cm²
1 cm²	99 cm²

5
438 cm²	716 cm²
204 cm²	503 cm²

6
7 dm² 48 cm²	3 dm² 24 cm²	5 dm² 8 cm²
1 dm² 1 cm²	4 dm² 25 cm²	6 dm² 20 cm²

7 45 cm²   90 cm²   1 cm²

Seite 92

1 1 m

2 m²: Zimmer, Kellerraum, Klassenzimmer, Wand des Wohnzimmers, Turnsaal
dm²: Heftseite, Zeichenblatt, Handfläche, Wange, Sitzfläche des Sessels

3 Skizze

4 In der ersten Reihe haben 10 dm² Platz. Es sind 10 Reihen. 1 m² ist genauso groß wie 100 dm²!

5 Die Schreibunterlage hat einen Flächeninhalt von 50 dm².

6 Der Umschlag hat einen Flächeninhalt von 5 dm².

Seite 93

1
300 dm²	900 dm²	800 dm²
600 dm²	1000 dm²	900 dm²

2
7 m²	3 m²	10 m²
5 m²	1 m²	2 m²

3
316 dm²	870 dm²
443 dm²	198 dm²
1029 dm²	2686 dm²
4511 dm²	975 dm²

4 ☒ 201 dm²   ☒ 341 dm²

5 Das Badezimmer hat einen Flächeninhalt von 5 m² 79 dm².

6
Bodenbelag im Kinderzimmer	12 m²	12 dm²	12 cm²
Arbeitsplatte auf dem Esstisch	1 m²	1 dm²	1 cm²
Buchseite	315 m²	315 dm²	315 cm²
Tastatur auf dem Handy	22 m²	22 dm²	22 cm²
CD-Hülle	144 m²	144 dm²	144 cm²
ein großes Blatt Papier	620 m²	620 dm²	620 cm²
ein Kalenderblatt	7 m² 56 dm²	7 dm² 56 cm²	756 cm²

Seite 94

1 Der Teppich hat einen Flächeninhalt von 224 dm².

2 Der Flächeninhalt deines Kopfpolsters ist 63 dm².

3
1 m² 46 dm² < 164 dm²   3 m² 4 dm² < 340 dm²
432 dm² = 4 m² 32 dm²   10 m² > 100 dm²

4 kleiner, es sind nur 70 dm²

5 Leos Zimmer ist 6 **m²** 78 **dm²** groß. Das Zimmer seines Bruders Marc ist um 45 **dm²** größer.

6 Herr Rainer hat einen Arbeitstisch mit einer Fläche von 3 **m²** 54 **dm²**. Er tischlert sich noch eine Arbeitsfläche mit 2 **m²** 20 **dm²** dazu.

7 Frau Rosa hat eine Tischplatte mit einer Fläche von 1 **m²** 8 **dm²**. Die Tischdecke ist um 46 **dm²** größer.

Seite 95

1 Die Abkürzung für 1 Quadratmillimeter hat eine Fläche von 77 mm².

2 Im Flächeninhalt eines cm² kann man 100 mm² finden.   **3**   50 mm²

4
300 mm²	500 mm²
7 cm²	600 dm²
4 cm² 50 mm²	9 cm² 7 mm²
980 mm²	1000 mm²
5 cm² 6 mm²	7 cm² 90 mm²

5 ☒ 101 mm²   **6** 7 mm²   **7** 10 mm²

Seite 96

1
304 dm²	623 cm²
8 cm²	405 dm²
4 cm² 50 mm²	9 cm² 7 mm²
180 dm²	1003 dm²
621 cm²	2 dm² 3 cm²

2 m², dm², cm², mm²
mm², cm², dm², m²

3 ja: Haus bauen, etwas zeichnen, Bild aufhängen
nein: auf 1 cm² stehen, aus 1 mm² Teig Keks backen

Seite 97

1 A = 12 cm²

2 2 · 2 = 4 cm²   A = 4 cm²

3 Die Fläche beträgt 16 dm² 72 cm².

Seite 98

1 Der Flächeninhalt beträgt 11 m² 56 dm².

2 Es werden 30 m² Bodenbelag benötigt.

3 Es bleiben 992 m² Rasenfläche übrig.

4 Die Fläche der Wohnküche beträgt 11 m² 28 dm².

Seite 99

1 Die Fläche B (rechteckig) ist größer.

2 Für die Küche braucht man 19 m² 68 dm² Bodenbelag.
Für das Wohnzimmer braucht man 24 m² 44 dm² Bodenbelag.

3 Du kannst 10 m² 75 dm² bemalen.

Seite 100

1 Fläche

2 Umfang

3 Umfang

4 Fläche

5 Fläche

6 Umfang

Seite 101

1 1. Figur: 6 Würfel, 2 Quader
2. Figur: 4 Würfel, 1 Quader
3. Figur: 6 Würfel, 2 Quader

2 1. Zeichnung: 1. und 3. Gerade
2. Zeichnung: 1. und 3. Gerade

3

5 m² 86 dm²	2 dm² 90 cm²	40 dm² 20 cm²
20 cm² 39 mm²	7 m² 4 dm²	3 cm² 60 mm²

4 1 m²

5 1 mm²

6 m²

7 1 cm²

8 1 dm²

9 1 mm²

Seite 102

1   Der Parkettboden kostet 418,80 €.

2   Der Parkettboden kostet 511,10 €. (Ohne Verschnitt)

3   Der Parkettboden kostet 287,40 €. (Ohne Verschnitt)

4   Individuelle Lösung

5   Parkett Nuss

Seite 103

1   Sie benötigt 3 m 7 dm 2 cm Borte.

2   Fläche: Dachfläche wird gedeckt, Vorplatz wird gepflastert, Werbetafel wird beklebt
      Umfang: Tiergehege wird eingezäunt, Bild wird eingerahmt, eine Runde um den Häuserblock laufen

3   Die Fläche ist 18 cm² 75 mm² groß.

4   1 m²

5   22 m

Seite 104

1   In der ersten Reihe sind 10 m². Es sind 10 Reihen. 1 a hat 100 m².

2   10 m

3   ja: Turnsaal, Fußmatte
     nein: Schultafel, Fußboden in einem Lift

Seite 105

1

1 a	600 m²	4 a
300 m²	9 a	8 a

2

124 m²	205 m²
5 a 46 m²	399 m²
409 m²	6 a 7 m²

3   ☒ 101 m²   ☒ 165 m²   ☒ 199 m²

4   ☒ Quadrat   ☒ 10 m

5

13 m²	100 m²	51 m²
99 m²	1 a 99 m²	1 a 1 m²
219 m²	16 m²	99 m²
0 m²	1 a 10 m²	5 a

6   68 m²   7   104 m²

8   50 m²   9   48 m²

Seite 106

1   Die Gesamtfläche beträgt 8 a 58 m².

2   Die Fläche des Hausgartens beträgt 24 m².

3   Er muss 6 a 78 m² mähen.

4   Sie müsste 1 a 42 m² dazukaufen.

Seite 107

1 In der 1. Reihe sind 10 a. Es sind 10 Reihen. 1 ha hat 100 a.

2 1 ha ist ein Quadrat mit einer Seitenlänge von 100 m.

3

Tennisplatz	260 ha	260 a	260 m²
Flughafen in Berlin	3 ha 96 a	3 a 96 m²	3 m² 96 dm²
Tischtennistisch	4 ha 16 a	4 a 16 m²	4 m² 16 dm²
Fläche des Tiergartens in Schönbrunn	12 ha	12 a	12 m²
5-Euro-Banknote	74 m² 40 dm²	74 dm² 40 cm²	74 cm² 40 mm²

Seite 108

1
1 a
1480 a
460 a
3 ha 50 a
100-mal

2
☒ Das Kartoffelfeld ist 6 ha groß.
☒ Das Reh lebt in einem 5 ha großen Wald.
☒ Das Getreide wächst auf einem 4 ha 56 a großen Feld.

3 800 a

4 1 ha 22 a

5 12 ha 30 a

6 17 ha

7 31 ha

8 kleiner

9 Wälder, Wiesen und Felder

Seite 109

1 Willi Turner hat Wiesen mit einem Flächeninhalt von **21 ha 50 a**.
Er kauft von seinem Nachbarn noch **3 ha 6 a** dazu.
Er besitzt jetzt 24 ha 56 a.

2 Hier gibt es noch **4** Baugründe zu kaufen. Familie Stradner kauft das größte mit **1 045 m²**. Für 1 m² muss sie **59 €** bezahlen.
Familie Stradner bezahlt 61 655 € für das Grundstück.

Seite 110

1 Dieses Quadrat hat eine Seitenlänge von 1 km, also 1000 m.

2 83 871 km²

3 80 000 km²

4 100-mal, 1 km² = 100 ha, 100 ha = 1 km²

5 27 km² 2 ha

Seite 111

1
Wien	414 km² 65 ha
Graz	127 km² 58 ha
Salzburg	65 km² 68 ha
Innsbruck	104 km² 91 ha
Linz	96 km² 5 ha
Klagenfurt	120 km² 11 ha
St. Pölten	108 km² 52 ha
Bregenz	29 km² 51 ha
Eisenstadt	42 km² 91 ha

2 Klagenfurt

3 Bregenz

4 49 ha

5 Wien

6
a. Deutschland ist 357 092 km² groß.
b. Frankreich ist 543 965 km² groß.
c. Die Schweiz ist 41 285 km² groß.

7 Der Unterschied beträgt 217 397 km².

Seite 112

1 Die Breite beträgt 13 m.

2 Die Breiten sind 3 cm und 4 cm.

3 Das Rechteck könnte folgende Längen und Breiten haben:
b = 1 cm	b = 2 cm	b = 3 cm	b = 4 cm
l = 36 cm	l = 18 cm	l = 12 cm	l = 9 cm
u = 74 cm	u = 40 cm	u = 30 cm	u = 26 cm

4 Die Breite beträgt 5 cm.

Seite 113

1 Der Teppich ist 5 m lang und 3 m breit.

2 Ich muss den Flächeninhalt und den Umfang des Teppichs ausrechnen.

3 ja

4 nein

5 A

6 100

7 nein

8 ja

Seite 114

1 Die Gesamtfläche beträgt 11 a 52 m².

2 Die Gesamtfläche beträgt 12 a 94 m².

Seite 115

1 Der Grund kostet 13 600 €.

2 Die Gesamtfläche beträgt 25 a 39 m².

3 Ich schaue mir alle Längen an und subtrahiere von der größeren Länge die kleinere Länge.

Seite 116

1 17:00 *oder* 5:00   12:50 *oder* 0:50   10:35 *oder* 22:35   8:25 *oder* 20:25

2 18:30   0:00   6:10   21:40

3 Das sind 30 s.   **4** 50 s

5 ja, 100 s = 1 min 40 s   **6** Sie spielen um 30 min länger.

Seite 117

1

Christa steht um 06.00 Uhr auf.	•
Didi sitzt von 16.40 Uhr bis 17.20 Uhr vor dem Fernseher.	—
Die Turmuhr zeigt 11.34 Uhr an.	•
Um 07.15 Uhr läutet der Wecker.	•
Der Zug kommt um 18.19 Uhr am Bahnhof Lind an.	•
Der Zug fährt 4 Stunden lang.	—
Lili wartet 15 min auf den Bus.	—
Der Schifahrer benötigt für den Abfahrtslauf 1 min 25 s.	—

2 Er spielt 1 h 30 min.

3 Der Kuchen wurde 1 h 5 min gebacken.

4 Die Sonne ist 12 h zu sehen.

Seite 118

1 Der Zug kommt um 17.51 Uhr an.   **2** Ankunftszeit: 12.34 Uhr

3 Ankunftszeit: 23.29 Uhr   **4** Ankunftszeit: 8.35 Uhr

Seite 119

1 Dienstag und Samstag können Felix und Anna nach Grein fahren.

2 Sie sind 3 h unterwegs.

3 Zum Mittagessen haben sie 1 h 30 min Zeit.

4 Sie können um 13.30 Uhr zurückfahren.

5 Die Rückfahrt dauert 3 h 50 min.

6 Sie bezahlen 43 €.

7 Sie waren an einem Dienstag unterwegs.

Seite 120

1 Die Post hat am Samstag bis 18.00 Uhr geöffnet.

2 ☒ nein

3 Sie muss 11 Stunden arbeiten.

4 ☒ ja

5 ☒ 7.55 Uhr

Seite 121

1 Die Breite beträgt 8 m.   **2** Er braucht 174 m Zaun.

3 Ich kann ausrechnen, wie lange die Sonne scheint.   **4** 10.00 Uhr

5 2 h 43 min 25 s   **6** Es ist dann 14.18 Uhr.

Seite 122

2 Ein Quadrat hat 4 Symmetrieachsen.

3

4 ☒ Uhr

Seite 124

1 Linz hat 183 500 Einwohner.

2 Bregenz hat 26 800 Einwohner.

3 St. Pölten hat 👤👤👤👤 👤👤👤👤👤👤👤👤👤👤

Seite 125

1 Es waren 25 Autos, 5 Fahrräder, 15 Motorräder und 10 Lastkraftwagen.

2 Auf dem Parkplatz stehen 25 Volkswagen, 10 Opel, 20 Toyota und 10 BMW.

3 Montag – 10 000 €, Dienstag – 15 000 €

Seite 126

1 8848 m

2 50 m

3 185 000 kg

4 leichter

5 7 m

Seite 127

1 Achtel, Viertel, Halbe

4 ja

Seite 128

1
$\frac{2}{8} = \frac{1}{4}$ $\frac{2}{4} = \frac{1}{2}$ $\frac{2}{2} = 1$

$\frac{3}{8} > \frac{1}{4}$ $\frac{3}{4} > \frac{1}{2}$ $\frac{8}{8} = \frac{4}{4}$

$\frac{7}{8} > \frac{3}{4}$ $1 = \frac{4}{4}$ $\frac{6}{8} = \frac{3}{4}$

2
$\frac{1}{2}$ $\frac{6}{8}$ $\frac{8}{8}$

$\frac{4}{8}$ $\frac{4}{8}$ $\frac{2}{8}$

3 Die erste, dritte und vierte Teilung sind gerecht.

4 $\frac{1}{4}$ bleibt übrig.

5 Sie erhält $\frac{1}{4}$.

6 4, 2, 1

Seite 129

1 4 cm

2 2 cm

3 Das sind 1000 €.

4 6 km

5 Um 17 Uhr sind 406 Semmeln verkauft.

6 a. Es hat 170 m².
b. 510 m² sind nicht verbaut.

Seite 130

1
50 cm	500 mm	5 dm
250 mm	$\frac{1}{4}$ m	125 m
250 m	25 cm	$\frac{3}{4}$ km
75 cm	750 mm	500 m

2
5 g	50 dag	500 g
250 kg	$\frac{1}{4}$ kg	25 dag
$\frac{1}{2}$ t	750 kg	750 g

3
15 min	$\frac{1}{2}$ T	30 min
$\frac{3}{4}$ h	3 M	6 M

4 105 min

5 75 dag

6 1500 m

7 $\frac{1}{2}$ J

Seite 131

1 500 g

2 18 Kinder

3 Es sind 465 Frauen.

4 a. Es sind 88 Buben an der Schule
b. Es sind 84 Mädchen an der Schule.

5 Die Strecke ist 690 m.

6 Es sind schon 6500 l Wasser im Schwimmbecken.
Es fehlen noch 19500 l.

Seite 132

1 Es ist dann 4 cm lang und 2 cm breit.

2 Eine Seite ist dann 2 cm lang.

3 Es ist dann 3 cm lang und 1 cm breit.

4 Eine Seite ist dann 15 mm lang.

Seite 134

1 2400   1200   600

2 500 m   30 min   500 g   25 cm   250 kg   45 min

3 1 m²

4 km²

5 parallel

6 Zylinder

8 100

9 1 m²

10 8.10 Uhr

Seite 135

1 a. 1 m 20 cm,
b. 1500 mm

2 3 · 8 = 4 · 6   6500 = 7000 − 500

3 Die Gesamtfläche beträgt 41 a 38 m².

4 5976 ≈ 6000   9299 ≈ 9000

Seite 136

1 Der Fußballplatz ist um 30 m² größer.

2 Es sind 4 Teile.

3 6402, 6502, 6602, 6702

4 Die erste Multiplikation stimmt, bei der zweiten Multiplikation kommt 48248 heraus.

Seite 137

1 Er gibt 26,40 € aus.

2 Die Fahrt dauert 32 min.

3 6 H   7 ZT 4 T 3 H 2 E

4 Die Breite beträgt 26 m.

5 Ein Viertel ist 1 m 62 cm.

Seite 138

1 3984   Ü: 4000   2939   Ü: 3000

2 24 000

3 53 € *oder* 50 €

4 54   Ü: 50

5 Ein Meter hat 100 cm, 10 m sind also 1000 cm und damit sind 875 cm kürzer.

6 Die Strecke ist 9 km 395 m lang.

Seite 139

1 64000, 72000, 76000

2 Der erste Winkel ist ein rechter Winkel.

3 Die Schachtel wiegt 6 kg 123 g.

4 Es fehlen 37 min auf 10.00 Uhr.

5 Er muss um 5 Minuten vorgerückt werden.

6 Es sind 75 Steigen notwendig.

Seite 140

1 Sie heißt 5036.

2 Die Länge beträgt 39 m.

3 a: Wohnfläche eines Hauses, Turnsaalfläche
ha: Fußballplatz
km²: Flugplatz

4 Es haben 909 Zuschauer Platz.

Seite 141

1 2187, **1707**, 19516 stimmt

2 Eisenstadt 10000, St. Pölten 50000, Klagenfurt 90000, Bregenz 30000

4 Der Umfang beträgt 2 m 24 cm.

5 A = 12 dm² 18 cm²

6 Bankomatkarte, Visitenkarte

Seite 142

1
276	465	583	7548
68**5**	74**9**	−2**4**9	−**4**9**0**6
961	**12**14	334	2642

2 Sie wiegen 946 g.

3 Ü: 20000 · 10 = 200000

5 Erstes und zweites Netz sind Quadernetze.

Seite 143

1 Der Boden kostet 1144 €.

2 Sie heißt 407600.

3 Ein Brückenteil wiegt 3 t 14 kg.

4 Sie bekommt 44,40 € heraus.

5 Er endet um 22.05 Uhr.

6 Er hatte 15 Minuten Aufenthalt.

7 ja

8 ja

4. Auflage 2014

ISBN 978-3-7058-7135-9